U0178869

科技强国建设
模式、路径与对策

孙福全　袁立科　陈　钰　韩佳伟／著

科学出版社
北　京

内 容 简 介

党的二十大报告在全面建成社会主义现代化强国的“两步走”战略安排中明确指出，到2035年，实现高水平科技自立自强，进入创新型国家前列，建成科技强国。党的二十大报告擘画了建设科技强国的宏伟蓝图，标志着一个新的科技发展阶段正在开启。在新一轮科技革命和产业变革背景下，迫切需要准确认识世界科技强国格局新变化，把握世界科技强国历史演进一般规律和科技强国内涵特征，梳理和分析世界主要科技强国建设的成功经验与历史教训。本书对标世界主要国家科技强国建设的路径与发展模式，力求全面准确地反映我国科技强国建设过程中的长板和不足，研究提出我国建设科技强国的模式和发展路径。

本书可供科研机构科技政策研究人员、科技管理部门工作人员以及相关专业的工程技术人员、科技工作者等阅读和参考。

图书在版编目（CIP）数据

科技强国建设：模式、路径与对策 / 孙福全等著. —北京：科学出版社，2023.4

ISBN 978-7-03-075080-8

Ⅰ. ①科… Ⅱ. ①孙… Ⅲ. ①科技发展-研究-中国 Ⅳ. ①N12

中国国家版本馆CIP数据核字（2023）第040635号

责任编辑：张　莉 / 责任校对：韩　杨
责任印制：师艳茹 / 封面设计：有道文化

科学出版社出版

北京东黄城根北街16号
邮政编码：100717
http:// www.sciencep.com

天津市新科印刷有限公司 印刷

科学出版社发行　各地新华书店经销

*

2023年4月第　一　版　开本：720×1000　1/16
2023年4月第一次印刷　印张：12
字数：160 000

定价：78.00元

（如有印装质量问题，我社负责调换）

序

党的二十大报告在全面建成社会主义现代化强国的“两步走”战略安排中明确指出，到 2035 年，实现高水平科技自立自强，进入创新型国家前列，建成科技强国。科技强国意味着国家综合科技创新能力进入世界前列，科技创新成为经济社会发展的主要驱动力量，对世界科学技术发展发挥引领作用。习近平总书记对科技强国建设有明确要求，他在中国科学院第十九次院士大会、中国工程院第十四次院士大会上的讲话中指出，中国要强盛、要复兴，就一定要大力发展科学技术，努力成为世界主要科学中心和创新高地[①]。

当前，世界百年未有之大变局加速演进，新一轮科技革命和产业变革深入发展，全球产业链供应链面临重塑，科技竞争与国家安全的融合度不断加深，大国博弈、地缘政治影响等不确定性因素明显增强，世界进入动荡变革期。科技兴则民族兴，科技强则国家强。一个国家是否强大在很大程度上取决于科技是否强大，国家之间的竞争归根结底是科技实力的竞争。近代以来的几次科技革命，引发大国兴衰和世界经济版图与政治格局的调整，英国、法国、德国、美国、日本等国家主导或引领了不同时期的科学革命或技术革命，充分演绎了从科技强到经济强、国家强的基本路径。历史和现实都告诉我们，要把握好历史大变局的趋势和机遇，找准发

① 习近平. 2018. 在中国科学院第十九次院士大会、中国工程院第十四次院士大会上的讲话. 北京：人民出版社.

展模式、发展重点、发展路径，向科技创新要答案，历来是重要而关键的抉择。如何正确理解和认识科技强国的内涵与特征，准确评价我国科技创新能力的整体发展水平，以及与世界主要科技强国的差距，直面我国科技发展存在的短板和不足，找到中国特色的发展模式，科学规划科技强国建设路径，是亟待解决的现实问题。

我十分欣喜地看到，《科技强国建设：模式、路径与对策》的作者对这些亟待解决的问题进行了系统的研究。中国科学技术发展战略研究院孙福全研究员及其团队从宏观到具体，由外及内，层层剖析，在科技强国建设研究的理论、方法、实践等方面都做了令人振奋的探索，开阔了我国科技强国建设相关研究的视野。

该书的研究内容具有创新性，值得一读。首先，该书深入研究了科学技术发展的理论逻辑、世界科技强国演进的历史逻辑以及中国科技创新发展的现实逻辑，凝练提出科学强、技术强、创新强的新时代科技强国的核心特征。其次，该书从科学发现、技术引领、创新驱动三个维度构建世界科技强国评价指标体系，开展中国建设世界科技强国的进程监测。这个由3个一级指标、27个二级指标构成的评价指标体系，充分考虑了总量指标和相对指标、状态指标和效率指标、综合指标和翘楚指标、定量指标和定性指标的四个相结合，有助于对科技强国建设做出历史性、整体性、格局性的分析研判。再次，该书能够从纷繁复杂的历史演进现象中去理解科技强国的兴衰更迭以及若干“单项冠军”国家的独到之处，揭示了科技强国建设的一般性规律，以及各具特色的建设模式与路径，借他山之石谋划攻玉之策。最后，该书立足中国国情，汲取主要科技强国的建设经验，把握未来30年国际国内发展趋势，探索性提出了中国特色的世界科技强国建设之路。

总之，该书的研究成果体现了作者团队高度与力度兼具、深度与广度并举的扎实研究功底，有助于读者深入理解科技强国建设，相信会引起更多政府部门与学术界的广泛关注。当然，科学研究日新月异、永无止境，科技强国建设关系到国家战略的系统谋划与长远策略安排，面临诸多不确定性、不可预见性因素的挑战，对于建设进程监测评价、影响路径、影响机制等问题的研究，仍处于不断发展和完善阶段，许多问题还有待进一步深入研究。希望作者继续努力，在科技强国建设的研究方面拓展研究范围，加深研究力度，期待形成更多的高水平学术、方法和应用成果研究。

2023 年 3 月

前　　言

全面建设社会主义现代化国家、全面推进中华民族伟大复兴，是新时代新征程中国共产党的使命任务。习近平总书记在党的二十大报告中指出：“从现在起，中国共产党的中心任务就是团结带领全国各族人民全面建成社会主义现代化强国、实现第二个百年奋斗目标，以中国式现代化全面推进中华民族伟大复兴。”[①]科技是第一生产力，创新是第一动力，建设社会主义现代化强国必须坚持科技的基础性、战略性支撑作用和创新的核心地位，实现高水平科技自立自强，建成科技强国。党的二十大报告同时指出，深入实施科教兴国战略、人才强国战略、创新驱动发展战略，坚持科技自立自强，加快建设科技强国。因此，科技强国是社会主义现代化强国的重要组成部分，在社会主义现代化强国建设中发挥着支撑引领作用。

纵观世界主要发达国家的现代化进程，虽然道路不尽相同，但科技始终是一个国家、一个民族迈向繁荣发展的重要动力和引擎，建成科技强国是实现国家现代化的必由之路。近现代以来，以两次科学革命和三次技术革命为标志，重大科学发现、重大技术突破层出不穷，推动了新兴产业的兴起和发展，催生了以英国、法国、德国、美国、日本等国为代表的科技强国，其主要特征是科技创新综合实力处于全球领先地位，主要产业处于高端水平，劳动生产率位居世界前列。这些科技强国同时也是经济强国和

① 习近平. 高举中国特色社会主义伟大旗帜 为全面建设社会主义现代化国家而团结奋斗——在中国共产党第二十次全国代表大会上的讲话. 北京：人民出版社，2022.

现代化强国。进入 21 世纪，科学技术发展日新月异，正以一种不可逆转、不可抗拒的力量推动着世界现代化向前发展。同时，大国科技竞争日益激烈，全球科技创新版图不断调整，全球经济力量对比和现代化格局正在发生重大变化。一个国家要保持世界现代化强国领先地位，就必须坚定不移地把科技创新放在国家发展战略全局的核心位置，不断推进科技强国建设。

受不同历史传统、基本国情、资源禀赋、文化差异等因素的影响，建设世界科技强国没有定于一尊的模式，不同国家和地区的建设道路呈现出多样化的景观。即便是在同属于西方文明的欧美发达国家内部，不同国家的建设路径、重点和次序也各不相同，国家风格和民族特色是科技强国道路的题中之意。也就是说，科技强国建设没有标准答案，每一个国家的科技强国之路都要靠自己去探索，完全照搬别人的强国建设方案注定是不会成功的，甚至有走弯路、走错路的风险。我们要发挥自身的优势特色，找准突破口，抓住关键问题，扬长避短、趋利避害，走出一条中国特色科技强国之路。

如今，世界处于百年未有之大变局，我国进入发展新时代新阶段，建设世界科技强国面临严峻复杂的新形势。一是世界科技创新呈现新趋势。新一轮科技革命和产业变革蓬勃兴起，科学、技术、经济融合日渐深入，科研范式发生重大转变，技术创新迭代速度不断加快，对我国创新路径和创新范式的变革提出了新挑战。二是国际政治经济格局错综复杂。全球经济下行，大国博弈激烈，逆全球化和贸易保护主义抬头，新冠疫情反复延宕，俄乌冲突加剧全球风险和不确定性，国家安全和科技安全问题更加突出，我国发展将面临更多的国际风险和不确定性。三是中国经济迈入高质量发展新阶段。我国已开启全面建设社会主义现代化国家的新征程，但面临着城乡区域发展差距大、粗放型增长模式不可持续等发展不平衡不充分的问题，难以满足人民日益增长的美好生活需要，这一矛盾的解决越来越依赖于科学技术提供解决方案。四是中国科技创新能力短板依然突出。中国的科技创新能力尽管实现了历史性跃升，但与世界科技强国相比还存在较大差距，在科技创新的结构、效率、影响力、竞争力等方面短板明显，中国必须加快积累和发展步伐，才能跟上甚至引领世界科技趋势，步入世界科技强国之林。

面临新形势新机遇新挑战，如何在借鉴国外经验的基础上探索出一条具有中国特色的科技强国建设之路是时代赋予我们的一项重大研究课题。本书对世界科技强国建设进程进行监测评价，总结主要科技强国建设的道路、模式和经验，开展我国科技强国建设的路径、模式研究并提出对策建议，对于科技界、经济界、学术界乃至社会各界探讨科技强国建设之路，协同推进科技强国建设具有参考价值。

本书在清楚认识世界科技强国内涵特征的基础上，兼顾横向比较和纵向经验分析，既摸清现状“家底”，又探究历史纵深，从宏观到具体，由外及里，层层剖析，突出科技强国建设的内在逻辑。本书第一、二、三章，在认真学习领会习近平总书记关于世界科技强国建设的重要论述和党中央、国务院对于建设世界科技强国的战略部署的基础上，进行广泛的文献调研，明确科技强国的内涵，总结分析世界科技强国的基本特征和关键要素，从科学发现、技术引领、创新驱动三个维度，形成由26个具体指标构成的世界科技强国评价指标体系。同时，根据世界知识产权组织的《全球创新指数》、世界经济论坛的《全球竞争力报告》等研究最新成果，考虑国家规模特点，遴选出美国、日本、德国、法国、英国、意大利、韩国、西班牙、加拿大、澳大利亚和中国等11个国家作为评价对象，对世界科技强国建设进程进行监测评价。本书第四、五章，从历史纵深展望未来发展，回顾世界科技强国发展演进历程，重点介绍了英国、法国、德国、美国、日本、以色列、俄罗斯等国家的科技强国建设之路，旨在作为“他山之石”，为我国学习借鉴科技发达国家的先进经验与教训提供参考依据。在此基础上，根据世界科技强国的资源禀赋、制度规范、民族文化等特征，因时而动、因地制宜所探索形成的各具特色的科技强国建设模式和发展道路，从政府与市场关系和各自发挥作用的角度，总结提炼科技强国建设模式与路径。第六、七章，提出我国建设世界科技强国的模式与路径，强调中国建设世界科技强国需要立足国情，汲取主要科技强国的建设经验，把握未来三十年国际国内发展趋势，充分发挥制度、市场、人才、文化等自身优势，正确处理好市场与政府、国内与国际、自主创新与开放创新、教育与科技、科学技术与产业之间的关系，把强化科技创新长板与补齐短板有机结合，努力成为世界的科学中心、技术引领者和创新高地，建设中国特色的世界科技强国。

建设世界科技强国是一项久久为功的伟大事业，前途光明，任重道远，围绕建设世界科技强国的战略研究将是一项长期任务，关系到国家战略选择的方方面面。特别是新时代我国迈上全面建设社会主义现代化国家新征程，社会主要矛盾呈现新特征、新变化，对科技创新提出了许多新要求，也大大增加了这项研究工作的艰巨性和挑战性。所幸在本书写作过程中，得到了国务院发展研究中心吕薇研究员、中国科学院科技战略咨询研究院院长潘教峰、国家科技图书文献中心主任许倞、中国科学技术发展战略研究院胡志坚研究员、清华大学技术创新研究中心主任陈劲、浙江工商大学校长王永贵、中国科学院科技战略咨询研究院余江研究员，以及英国牛津大学技术与管理发展研究中心主任傅晓岚等多位深谙科技战略与创新管理研究的领导和专家的指导及支持，在此表示诚挚的感谢！还要感谢中国科学技术发展战略研究院院长张旭以各种方式给予的支持，以及技术预测与统计分析研究所所长玄兆辉所做的特别贡献。本书在资料搜集和研究过程中，彭春燕研究员、孙云杰副研究员、秦铮博士、胡月博士，以及西南科技大学研究团队做了大量卓有成效的工作，在此一并致谢！

囿于时间与能力，本研究工作还是初步的，涉及的研究范畴也是有限的。特别是对重点技术领域发展态势和一些国家的重点战略需求的把握可能还需要进一步深化与论证，疏漏和不足之处在所难免，有待后续完善和拓展研究。我们期待与感兴趣的读者共同分享经验，并为建设科技强国贡献绵薄之力。

目　　录

序 / i

前言 / v

第一章　概述 / 1

一、研究背景与意义 / 1
二、研究思路与主要内容 / 4
三、文献综述 / 8
四、主要结论与创新点 / 17

第二章　世界科技强国的内涵与评价体系 / 23

一、世界科技强国的内涵与特征 / 23
二、建设世界科技强国的重大意义 / 32
三、科技强国的评价指标体系 / 34
四、中国建设世界科技强国进展 / 51

第三章　我国科技强国建设的进程及差距 / 54

一、中国已进入创新型国家行列 / 54
二、与世界科技强国的差距与不足 / 61

第四章　世界主要科技强国建设的经验做法及启示 / 76

一、世界科技强国的兴衰转移 / 76

二、英国建设科技强国的经验做法与启示 / 83
三、法国建设科技强国的经验做法与启示 / 92
四、德国建设科技强国的经验做法与启示 / 99
五、美国建设科技强国的经验做法与启示 / 106
六、日本建设科技强国的经验做法与启示 / 116
七、俄罗斯和以色列建设科技强国的经验做法与启示 / 123

第五章 世界主要科技强国的建设模式与路径 / 133

一、世界科技强国建设的不同模式选择 / 133
二、代表性科技强国的发展路径 / 137

第六章 我国建设世界科技强国的模式与路径选择 / 145

一、中国建设世界科技强国的基础 / 145
二、中国建设世界科技强国面临的新形势 / 151
三、中国建设世界科技强国的模式选择 / 153
四、中国建设世界科技强国的路径选择 / 155

第七章 推进我国科技强国建设的重大举措和对策建议 / 159

一、强化国家战略科技力量，服务国家重大战略需求 / 160
二、完善国家创新体系，提高创新体系整体效能 / 162
三、提升企业技术创新能力，增强产业核心竞争力 / 164
四、加强基础研究和关键核心技术攻关，提高体系化创新能力 / 166
五、激发人才创新活力，培养造就大批一流科技创新人才 / 168
六、优化科技创新体制机制，营造良好创新生态 / 170
七、深化开放合作，全面融入全球创新体系 / 172

参考文献 / 174

第一章　概　　述

一、研究背景与意义

党的二十大报告对全面建成社会主义现代化强国作出科学谋划："从二〇二〇年到二〇三五年基本实现社会主义现代化；从二〇三五年到本世纪中叶把我国建成富强民主文明和谐美丽的社会主义现代化强国。"（习近平，2022a）"未来五年是全面建设社会主义现代化国家开局起步的关键时期"（习近平，2022a）。要实现建成社会主义现代化强国的伟大目标，实现中华民族伟大复兴的中国梦，我们必须具有强大的科技实力和创新能力。科学技术是第一生产力，创新是引领发展的第一动力，必须把科技创新全面融入现代化建设，发挥科技强国在社会主义现代化强国建设中的引领支撑作用。

当前，新一轮科技革命和产业变革深入发展，前沿科技创新正逼近或超越人类认识极限，重要领域产业变革正从导入期向拓展期转变，新一代信息技术、生物技术、新能源等新兴技术快速发展并广泛应用，颠覆性技术创新不断涌现，正在深刻改变人类社会的生产生活方式和经济社会发展范式，引发国际产业分工重大调整，进而改变国家力量对比，重塑世界竞争格局。世界主要创新大国纷纷加大前沿科技布局，寻找科技创新的突破口，抢占科技革命和产业变革的先机与制高点。新科技革命和产业变革为我国科技强国建设提供了难得的“机会窗口”，需要通过科技自立自强，下好“先手棋”，打好“主动仗”，在新赛场建设之初就加入其中，甚至主导一些赛场建设，成为新的竞赛规则的重要制定者和新的竞赛场地的重要主导者，赢得国家发展的主动权。

党的十八大以来，我国科技事业密集发力，加速跨越，实现了历史性、整体性、格局性的重大变化，科技实力正处于从量的积累向质的飞跃、从点的突破向系统能力提升的重要时期。在我国实现“两个一百年”奋斗目标的关键阶段，习近平总书记发出“建设世界科技强国”的号召，强调“科技是国之利器，国家赖之以强，企业赖之以赢，人民生活赖之以好”（习近平，2016）。我国科技事业发展的目标是：到2020年时使我国进入创新型国家行列，到2030年时使我国进入创新型国家前列，到新中国成立100年时使我国成为世界科技强国（习近平，2016）。党中央提出的科技强国建设目标，既是对创新型国家建设实践的历史继承，也是对新时期创新型国家建设的更高要求，标志着我国科技创新进入新的发展阶段。

党的十九届五中全会指出，坚持创新在我国现代化建设全局中的核心地位，把科技自立自强作为国家发展的战略支撑，加快建设科技强国。科技创新成为许多国家谋求竞争优势的核心战略。习近平指出：“如果我们不识变、不应变、不求变，就可能陷入战略被动，错失发展机遇，甚至错过整整一个时代。”（习近平，2016）我国现代化是在西方发达国家基本实现现代化后才开始的，因而是赶超型的现代化。赶超型现代化使我国面临的国际国内环境与西方发达国家有很大的不同，将更加复杂，挑战也更加艰巨。当前，中美之间的战略竞争逐步爆发和聚焦于科技创新领域，美国必然会主动利用自身主导的创新链而形成的盟国利益体系，在全产业链全方位实施针对中国的技术封锁与遏制策略，从科技创新自主能力方面给我国的科技强国建设道路设置障碍。中美双方在诸多当前和未来产业链和科技创新领域的底层设计架构、知识产权体系、科研成果发布渠道、高端科学研究人才以及工程化产业化自主能力体系等方面，必然均会展开全方位的、全创新链式的全球竞争。2022 年 2 月俄乌冲突爆发以来，国际局势持续动荡，对世界格局和国际关系的深远影响远未结束，将不可避免地扩大到国际科技领域，显著深化和加剧科技“去全球化”趋势。同时，我国在近百年左右的时间内走完西方国家几百年走的道路，决定了我国的现代化必然是一个“并联式”的过程，直接表现为工业化、信息化、城镇化、农业现代化等任务叠加发展的时空压缩过程，这就决定了中国的现代化将在更短的时间内面临更大的挑战，即在同一时间内直面多重任务、风险与挑战。这就对我国科技强国建设征程中的治理水平和治理能力现代化，特别是应对各种风险挑战的能力提出了更高的要求。

科技兴则民族兴，科技强则国家强。中国要强，中国人民生活要好，必须有强大科技。习近平指出：“我们比历史上任何时期都更接近中华民族伟大复兴的目标，我们比历史上任何时期都更需要建设世界科技强国！”（习近平，2018）建设世界科技强国，是以习近平同志为核心的党中央在新时代坚持和发展中国特色社会主义的重大战略决策，是在我国发展进入新的历史方位适应社会主要矛盾新变化，立足新发展阶段、贯彻新发展理念、构建新发展格局、推动高质量发展的重大战略部署，更是我国抢抓全球新一轮科技革命和产业变革的历史机遇，全面建设社会主义现代化国家的必然要求，也是中华民族加快迈向世界舞台中央、为人类文明进步和可持续发展做出更大贡献的重要基础。这一战略举措与“两个一百年”奋斗目标高度契合，使建设世界科技强国与实现中华民族伟大复兴的中国梦紧紧相连，彰显了建设世界科技强国是建成社会主义现代化强国的重要战略支撑，是实现“两个一百年”奋斗目标、实现中华民族伟大复兴的中国梦的必由之路。

面向未来，加快建设创新型国家、建成世界科技强国，是摆在科技界面前的重大发展任务，如何建设世界科技强国也是社会各界特别是科技界需要研究和回答的重大议题。纵观历史大潮，人类历史经历科学革命、技术革命及工业革命的洗礼，涌现出英国、法国、德国、美国、日本等一批科技兴盛、国力强大的世界科技强国。这些科技强国作为世界科学中心、世界技术引领者或是世界科技创新高地站在历史舞台，主导或引领了不同历史时期的科学革命或技术革命，成为历次工业革命的倡导者、核心力量和主要受益者。"他山之石，可以攻玉"，为了做好科技强国建设的科技规划和政策选择，凝聚科技界乃至全社会力量为科技强国建设而奋斗，我们要系统总结世界科技强国的发展路径与模式，认真地研究和回答什么是科技强国、科技强国有哪些主要标志和特征、科技强国有怎样的发展路径、科技强国建设有哪些不同的发展模式、如何建成世界科技强国等重大问题，揭示科技强国建设的一般性规律，为科技强国建设提供理论支撑，总结分析各个世界科技强国建设的做法经验，为我国科技强国建设提供经验借鉴。在此基础上，结合我国体制机制和文化优势以及所处发展阶段与科技创新位势，找到一条适合中国国情、具有中国特色的世界科技强国建设之路。

二、研究思路与主要内容

（一）研究思路

在新一轮科技革命和产业变革背景下，在准确把握世界科技强国历史演进一般规律和科技强国内涵特征的基础上，设计评价指标，对标主要国家科技强国建设路径、模式，力求全面准确地反映我国科技强国建设过程中的长板和不足，分析评估世界主要科技强国的发展路径，找准成功经验与历史教训，从政府与市场之间的关系和各自发挥作用的角度，梳理总结自由市场主导、政府积极干预和政府直接主导等不同国家的科技强国建设模式，提出我国建设世界科技强国的发展路径与模式。

本书的研究技术路线如图 1-1 所示。

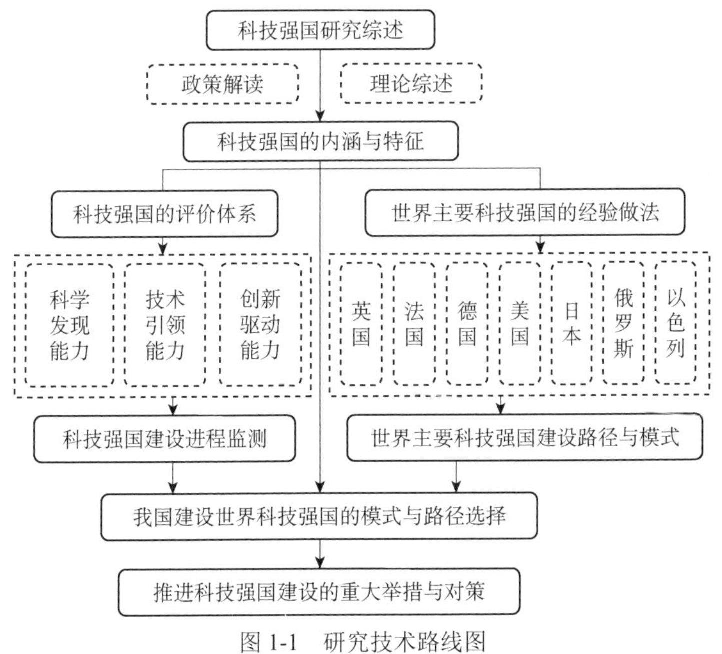

图 1-1 研究技术路线图

（二）研究内容

根据上述研究思路与目标，本书的主要研究内容包括以下几个方面。

1. 科技强国的内涵、特征与评价

基于世界科技发展脉络和新一轮科技革命及产业变革背景，学习领会习近平总书记关于世界科技强国建设的重要论述和党中央、国务院对于建设世界科技强国的战略部署，明确科技强国的内涵，总结分析世界科技强国的基本特征和关键要素，提出世界科技强国的评价指标体系，对我国世界科技强国建设进程进行监测与评价。

（1）中央精神学习与政策解读

党的十八大以来，以习近平同志为核心的党中央科学分析我国发展阶段、发展环境、发展条件、社会主要矛盾的深刻变化，从不同方面推动我国科技强国建设谋篇布局。《国家创新驱动发展战略纲要》提出了战略目标，到2050年建成世界科技强国，成为世界主要科学中心和创新高地。党的十九大报告规划了我国建设社会主义现代化强国的宏伟蓝图，明确了加快建设创新型国家、建设世界科技强国的战略任务。党的十九届五中全会指出，把科技自立自强作为国家发展的战略支撑，加快建设科技强国。党的二十大报告对全面建成社会主义现代化强国进行了科学谋划。要重点解读中央对于建设世界科技强国的定位与要求，这是本书研究的基石。

（2）科技强国的内涵与特征分析

科技强国不仅指科技创新领域的世界强国，还体现在通过科技创新实现国家强盛、人民幸福的目标。需要从科学发现能力、技术引领能力、创新驱动能力等不同维度去理解世界科技强国的内涵，并从科技、经济、产业、教育、人才、社会、文化等方面总结和分析世界科技强国的基本特征。

（3）世界科技强国评价指标设计

基于对中央精神的学习与政策解读，通过文献研究，凝练世界科技强国的内涵与基本特征，从科学发现能力、技术引领能力、创新驱动能力三个维度构建评价指标框架，采用综合评价指数的方法，对世界科技强国建设进程进行监测与评价。

2. 世界主要科技强国建设的经验做法及启示

根据科技强国的内涵与特征，从历史演进的视角重点梳理科技强国建设的发展进程与国家科技战略的变迁，分析总结成功经验与失误教训，为我国建设科技强国提供参考与借鉴。每个国家的案例分析框架如下所示。

（1）世界科技强国的历史演进

从科技革命、技术革命和工业革命的变迁转换引发的大国兴衰和世界格局调整，分析不同阶段的世界科学中心或科技创新中心位移。研究分析不同历史时期的科学革命或技术革命，以及历次工业革命的倡导者、核心力量和主要受益者，总结世界科技强国的演进规律，选择英国、法国、德国、美国、日本等作为本研究的案例国家。

（2）建设科技强国的经验做法

世界科技强国并不是与生俱来的，而是经过长期的过程积累形成的，这里重点研究从不同发展阶段变迁找到主要科技强国建设过程中的历史逻辑和现实逻辑，总结主要科技强国建设的有益做法及经验。

（3）建设科技强国的主要启示

从国情特点、国家战略、创新体系、科研体制等不同视角，研究主要国家建设世界科技强国的战略与举措。基于世界主要科技强国的演进规律，以及建设科技强国的做法及经验，提出启示与建议。

3. 世界主要科技强国的发展路径与模式经验总结

根据世界主要科技强国的历史发展脉络及其主要做法，总结不同类型国家的科技强国建设路径，并总结共性发展模式，同时凝练各具特色的发展模式。

（1）主要科技强国建设发展模式经验总结

从政府与市场之间的关系和各自发挥作用的角度，以英国、法国、德国、美国、日本等世界主要科技强国建设为案例，从不同历史阶段、不同类型国家，总结提炼主要的科技强国建设发展模式。

（2）主要科技强国的发展路径分析

从科学、技术、创新不同视角，研究分析不同历史时期科技强国建设的实现路径，重点关注科技强国建设进程中为适应经济发展阶段性变化和国家目标调整而做出的科技发展战略的适应性调整，凝练科技强国建设的主要发展路径。

（3）科技强国建设的发展路径与模式比较分析

对世界主要科技强国建设的发展路径与发展模式进行比较分析，找出不同发展路径与发展模式的特点和适用条件，为提出我国建设世界科技强国的路径与模式提供参考。

4. 我国建设世界科技强国的模式、路径与对策

基于科技强国的内涵与特征分析，对标主要国家科技强国建设路径、模式，力求全面准确地反映我国科技强国建设过程中的长板和不足，提出我国建设世界科技强国的思路与对策。

（1）科技强国建设的模式与路径

基于世界主要科技强国发展路径和模式的经验总结，结合当前的新形势新变化，明确我国建设世界科技强国的战略思想、目标与战略导向。

（2）世界科技强国建设的对策建议

基于上述研究，遵从历史经验与未来发展，从创新体系、国家战略科技力量、人才、企业创新、国际合作等不同维度，提出针对性的政策建议。

三、文献综述

（一）科技强国建设的决策部署

在新中国70多年的发展历程中，科技创新在党和国家全局中的地位

不断提升，这既是国家发展阶段演进的内在需求，也是全国科技界和社会各界共同奋斗的结果。从“向科学进军”到“科学技术是第一生产力”再到“创新是第一动力”，从实施科教兴国战略到建设创新型国家，在国家发展的每一个关键阶段，党中央都围绕科技创新作出了重大决策部署。

1956 年 9 月，党的八大提出“努力把我国逐步建设成为一个具有现代农业、现代工业、现代国防和现代科学技术的社会主义强国”。2002 年 11 月，党的十六大提出“全面建设小康社会”的目标，将“走新型工业化道路，大力实施科教兴国战略和可持续发展战略”作为经济建设和经济体制改革的首要任务，在顶层设计上使科技与经济更紧密地结合。2006 年 1 月，《中共中央 国务院关于实施科技规划纲要 增强自主创新能力的决定》发布，首次提出“增强自主创新能力，努力建设创新型国家”。2007 年 9 月，党的十七大将“提高自主创新能力，建设创新型国家”作为“促进国民经济又好又快发展”的首要任务，强调“要坚持走中国特色自主创新道路”，首次明确提出到 2020 年进入创新型国家行列的奋斗目标。2012 年 9 月，中共中央、国务院印发《关于深化科技体制改革 加快国家创新体系建设的意见》，首次明确提出“新中国成立 100 周年时成为世界科技强国”的奋斗目标，要求“大力提高自主创新能力，发挥科技支撑引领作用，加快实现创新驱动发展”。2012 年 11 月，党的十八大提出确保到 2020 年实现全面建成小康社会，再次明确进入创新型国家行列的奋斗目标。

党的十八大以来，以习近平同志为核心的党中央把科技创新摆在更加重要的位置，提出大力实施创新驱动发展战略，开启了建设世界科技强国的新征程（王志刚，2019a）。习近平总书记在回顾世界科技革命的历史和人类社会的演进时指出：“历史经验表明，科技革命总是能够深刻改变世界发展格局。”（习近平，2016）他强调：“科技兴则民族兴，科技强则国家强。”（习近平，2016）世界经济中心几度转移，其中一条清晰脉络就是科技一直是支撑经济中心地位的强大力量。“历史经验表明，那些抓住科技革命机遇走向现代化的国家，都是科学基础雄厚的国家；那些抓住科技革命机遇成为世界强国的国家，都是在重要科技领域处于领先行列的国家。”（习近平，2016）从来没有像今天这样，科学技术对经济社会发展产生如此深刻的影响，对国家的前途命运和人民的美好生活产生如此巨大的影响。今天也是比历史上都要更接近建设世界科技强国目标的时期，我们要抓住难得的历史发展机遇，迎头赶上甚至引领世界科技革命发展，实现高质量的发展，将我国建设成为世界科技强国。

习近平总书记指出：“我们坚持建设世界科技强国的奋斗目标，健全国家创新体系，强化建设世界科技强国对建设社会主义现代化强国的战略支撑，掌握全球科技竞争先机，在前沿领域乘势而上、奋勇争先，在更高层次、更大范围发挥科技创新的引领作用。”（习近平，2018）这里强调了科技强国的战略要义是助推建设社会主义现代化强国。

习近平总书记始终坚持把党的领导作为科技强国建设的首要原则，多次强调科技强国建设工作要在党的领导下，坚持正确的政治方向，强化坚定的政治导向，动员一切积极力量为建设科技强国的目标而奋斗。“坚持党对科技事业的领导，健全党对科技工作的领导体制，发挥党的领导政治优势，深化对创新发展规律、科技发展规律、人才成长规律的认识，抓重大、抓尖端、抓基础，为我国科技事业发展提供坚强政治保证。”（习近平，2018）党的十八大以来，我国科技事业发展取得的历史性成就表明，关键在于坚持党对科技事业的领导，坚持建设世界科技强国的奋斗目标，坚持走中国特色自主创新道路，坚持以深化改革激发创新活力，坚持创新驱动实质是人才驱动，坚持融入全球科技创新网络。上述“六个坚持”既是习近平总书记对近年来我国科技创新实践经验的系统总结，又是我国未来科技创新工作需要继续坚持的原则（刘立和刘磊，2019）。

（二）科技强国的内涵、特征及评价研究

目前国内外学者对科技强国并没有明确的定义，不同学者对科技强国的认知也有所不同。只有明确世界科技强国的概念意涵，才能更进一步从理论层面分析和探讨建设世界科技强国的本质特征、生成逻辑、构建路径等，进而才能在实践层面为社会各界落实世界科技强国战略，为国家设计中长期科技发展战略规划提供理论依据和政策支撑（李瑞等，2020）。

党的十九大提出加快建设创新型国家的明确要求。创新型国家是以科技创新作为社会发展核心驱动力，以技术和知识作为国民财富创造的主要源泉，具有强大创新竞争优势的国家。建设创新型国家和世界科技强国是接续发展、一脉相承的（王志刚，2019b）。建设世界科技强国是基于我国科技创新实践和创新型国家建设经验提出的，经历了从发展路径口号到创新战略符号和丰富的理论内涵的嬗变（陈套，2019）。

从国际研究和经验来看，研究较多的是世界科学活动中心，包括其形成、转移、特征、规律等。用定量方式表征世界科学活动中心内涵体系，影响力最大的当属日本学者汤浅光朝。他认为在某一个时期，一个国家的科技成果及科学家人数超过全世界科学家总数的25%，该国就是当时的科学活动中心。由于对科学活动中心缺乏清晰准确的内涵，表征和评判比较模糊，因而并没有形成统一的认识，其存在与转移也受到质疑。关于世界科技强国的提出和研究，国际上没有统一的界定，甚至在翻译的时候，也有 science and technology power 和 science and technology powerful country，以及 science and technology powerhouse 等多种译法（陈套，2019）。科技强国有两层含义，不仅是指在科技创新领域的世界强国，还体现在通过科技创新实现国家强盛的目标（李瑞等，2020）。大家普遍认可的一点是，经济强国与科技强国之间有着密切的联系，但二者实际并不相等。一些国家资源丰富，可以成为经济强国或最有竞争力的国家，但不一定能成为世

界科学中心或科技领先国家（柳卸林等，2018）。

科技强国的概念较早是杨振宁教授在1993年的演讲中提到的，他提出，到了21世纪中叶，中国极可能成为一个世界级的科技强国（杨振宁，1994），但他没有就科技强国内涵展开论述。玄兆辉等（2018）提出世界科技强国的主要内涵是能够汇聚自身及全球科技创新资源要素，形成推动经济社会快速发展的重大科研成果，进而实现国家核心竞争力和综合国力跃居世界先进行列。柳卸林等（2018）认为，科技强国是指能够引领世界科技发展的前沿国家，能够汇聚全球科技资源要素并将其转化为重大科学成果，进而推动全球经济社会快速发展的国家。世界科技强国能够通过形成重大科学研究成果和先进技术，支撑社会主义现代化强国战略，形成具有影响力的全球创新生态体系，能够在国际科技创新竞争中维护本国最大利益（李瑞等，2020）。世界科技强国必然在科技领域具有压倒性优势，并且应当是世界原创性知识产出强国、技术产出强国和科技新产业创造强国（张志强等，2018）。科技强国要有一定的体量和规模，在世界核心领域拥有话语权并占据主导地位，与全球多个国家都建立广泛合作（冯江源，2016）。由此可见，科技强国是一个相对的概念，当一个国家的科技实力和水平在世界各国家与地区中处于领先地位且在国际上拥有话语权与引领能力时，即可被称为"科技强国"（沈艳波等，2020）。科技强国建设则是一个贯通历史、现实、未来的系统演进过程，具有鲜明的时代性（潘教峰和万劲波，2022）。

中国用几十年的时间走完了发达国家几百年走过的工业化历程，建立了完整的现代工业体系、科技创新体系、教育培训体系和基础设施体系。进入新时代，突破发展瓶颈、提升科技创新能力、实现高质量发展、保障国家总体安全、应对全球挑战、赢得战略主动等均对科技强国建设提出了更高要求（万劲波，2019）。中国已经明确了到2035年基本实现社会主义现代化、2050年建成社会主义现代化强国的宏伟目标。比现在所有发达国家人口总和还要多的中国人民实现现代化，将是人类发展格局的历史性变革，必然需要强化科技创新的战略支撑（万劲波和张博，2019）。理解科技强国建设的目标任务，必须与现代化强国建设的目标任务相结合（万劲波，2019）。

把科技创新作为各项工作的着力点、切入点和逻辑起点，以科技强国建设保障现代化强国目标的实现，这是我国未来发展的必由之路（王志刚，2019a）。我们必须沿着习近平总书记指出的“必须深入实施科教兴国战略、人才强国战略、创新驱动发展战略，完善国家创新体系，加快建设科技强国，实现高水平科技自立自强”（习近平，2022b）的发展路径，坚持习近平总书记所提出的“坚持面向世界科技前沿、面向经济主战场、面向国家重大需求、面向人民生命健康，不断向科学技术广度和深度进军”的发展要求，以科技强国引领现代化强国建设（丁明磊，2022）。

近现代以来，以两次科学革命和三次技术革命为标志，重大科学发现、重大技术突破层出不穷，推动了新兴产业的兴起和发展，催生了以英国、法国、德国、美国、日本等国家为代表的科技强国，其主要特征是科技创新综合实力处于全球领先地位，主要产业处于高端水平，劳动生产率位居世界前列（白春礼，2017）。科技强国意味着我国要成为世界主要科学中心和创新高地。判断一个国家是否成为科技强国有三个重要标志：①具有引领世界的科技创新能力；②建成高水平的创新型经济；③建成富有活力的创新型社会（王志刚，2019a）。科技强国是创新型国家的高级阶段，其创新能力和综合实力强，在全球竞争合作格局中有着重要影响力，具体体现为科学技术领先、经济社会繁荣、思想解放、文化兴盛、教育发达、军事实力强大，硬实力和软实力相得益彰（万劲波和吴博，2019）。李瑞等（2020）认为，理解世界科技强国的三种维度包括科技创造力维度、科技支撑力维度、科技影响力维度。杨柯巍和张原（2018）认为，科技强国主要有四个方面的特征：一是主体强，体现为拥有一批具有全球竞争力的创新型企业和具有超强研究能力的高校和科研院所；二是技术强，体现为技术研发实力强和创新成果转化通畅；三是生态强，体现为政产学研用充分协同的创新生态系统已经形成；四是人才强，体现为拥有一支高层次科技创新人才队伍。因此，评价科技强国需要从多个维度进行综合考量，应包括规模、基础、质量、效益等方面的因素（沈艳波等，2020）。

围绕我国提出的跻身创新型国家前列和建设世界科技强国的战略目标与任务，以国际上有关国家竞争力和创新能力评价的主要代表性指标体系与研究报告为基础，研究梳理出描述科技强国重要且典型的科技指标体系（张志强等，2018）。例如，沈艳波等（2020）提出了科技强国指标评价的七大关键要素——人力资源、基础设施、研发投入、知识创造、技术管理、前沿引领和创新绩效等。陈钰和孙云杰（2019）基于中美在经费投入、人才、科学研究、技术产出以及产业竞争力等创新链关键环节的核心指标表现，分析了我国科技创新发展的短板，为世界科技强国建设提供启示和建议。柳卸林等（2020）从国家科技投入、科技产出以及产生的科技绩效三个方面对科技大国建立指标体系，衡量国家科技总量和人均发展水平，分析中国建设科技大国与强国的趋势。沈艳波等（2020）认为影响国家科技竞争力表现的关键因素包括基础支撑能力、科技原始创新能力、科技制高点占有能力、科技领域话语权与引领能力、科技贡献能力 5 个方面，并以此作为一级指标构建科技强国评价指标体系。也有类似研究从科技投入、知识产出、战略引领、支撑发展和经济社会环境 5 个维度构建了评价指标体系，包括 5 个一级指标和 19 个二级指标（徐婕等，2019）。胡志坚等（2018）基于《国家创新指数报告》研究结果，梳理了我国面向科技强国建设存在的短板，从指标发展趋势和潜力分析的视角指出我国科技创新发展的近期和中长期努力方向。

从评价结果来看，目前中国已成为科技大国，但与科技强国还有一定距离，到 2035 年，我国科技综合实力将明显提升，科技强国综合指数将超过法国，与英国基本持平，与日本、德国之间的差距缩小，但同美国还有一定差距（柳卸林等，2020）。我国的科技投入和对世界科技发展的战略引领具备较强的竞争力，但在知识产出以及科技创新活动对经济社会发展的支撑方面短板明显，科技创新活动的社会环境条件也有待进一步优化（徐婕等，2019）。

（三）科技强国建设战略与路径研究

在世界百年未有之大变局新形势下，全球科技产业变革与我国经济优化升级交汇融合，中国发展战略机遇期的内涵和条件发生新变化，建设世界科技强国更具复杂性和紧迫性（万劲波，2019）。环顾当今的世界发达国家，无一不是通过建立并不断完善现代科技体制、抓住科技革命的历史机遇并由此具备先进的科技发展水平而成为世界强国的。

近代以来，世界范围内先后涌现出意大利、英国、法国、德国、美国等公认的世界科技强国。世界科技强国崛起受到经济发展、社会进步、人才集聚等多种因素影响，不存在唯一的最优路径（穆荣平等，2017）。李正风（2018）总结了英国、德国、美国等成为世界科技强国的历史经验，认为这些国家善于把握新科技革命的特点和取向，善于在科技发展轨道和科研范式发生变革之际抓住先机，善于通过制度创新形成适应新时代特点和要求的科技体制，善于更高的生产力跃升。冯江源（2016）详细介绍了西方主要科技强国凭借科技创新增强国力、提高国际地位及影响的做法及战略转向。张永凯和陈润羊（2013）分析了美国、日本、德国等世界科技强国在重视科技投入、积极引进海外科技人才、高度重视政产研结合等方面的科技政策，并发现其呈现趋同趋势。刘立（2016）根据历史经验总结出非对称赶超战略是一些国家成为科技强国的重要原因。王春法（2017）强调科学文化在科技强国建设中的重要性，他指出不能在科学文化上做好准备，不能在科学文化的引领下进行必要的制度创新，就很难真正坚定文化自信，很难摆脱跟踪模仿的发展轨迹，真正成为开拓科学发展新道路新境界的世界科技强国。

基础研究能力是成为世界科技强国的关键要素。近代以来，世界经济和科技中心几度转移，其中有一条清晰的脉络，就是基础科学中心一直是支撑科技强国崛起的强大力量（邓衢文等，2019）。张先恩（2017）同样认为科技强国根植于深厚的基础研究。欧洲的科技强盛缘于 16 世纪出现的各类科学组织与学术流派，其中皇家科学院对科技发展作用巨大。科技强国不是一天建成的，必然是长期重视基础研究的科技政策导向、长期稳定的基础研究投入、长期基础研究的知识产出积累的结果（田倩飞等，2019）。重视发展基础研究是提高国家原始创新能力和国际科技竞争力的重要前提，是建设创新型国家的动力源泉，也是跻身世界科技强国的必要条件，英国、德国、法国、日本等主要发达国家政府对基础研究都有长期稳定的资助体系，将基础研究置于重要位置（陈云伟等，2020）。在我国建设世界科技强国的进程中，首要任务就是加强基础科学研究（陶诚等，2019）。建设世界科技强国，离不开基础研究的源头供给（潘教峰和杜鹏，2022）。基础科学研究的能力建设及大科学装置对我们获得世界领先的科学成果、发展引领世界的关键技术、培养在科学上和技术上全面发展的人才具有极为重要的意义，对国家的未来发展是必不可少的（王贻芳，2017）。在新的历史起点上，我国要着眼长远，高质量地发展基础科学，必将成为建设世界科技强国战略的深刻内涵和重要选择（赵兰香等，2018）。

建设科技强国，要以国家创新体系建设为着力点（王志刚，2019a），迫切需要健全国家创新体系，提升国家创新体系的整体效能，强化科技和创新的战略支撑作用（穆荣平，2018）。实现科技自立自强，建设现代化科技创新强国，必须进一步完善和提升创新体系的整体效能，增强国家创新发展新优势（吕薇，2021）。尤其需要建立一个充满活力且有卓越创新能力的国家创新体系，打造具有全球影响力和竞争力的科学研究和创新中心，建设现代化科技强国（肖汉平，2021）。

加快建设世界科技强国，关键是要建设一支规模宏大、结构合理、素质优良的创新人才队伍（马一德，2022）。纵观各国科技发展史，谁拥有了一流创新人才、拥有了一流科学家，谁就能在科技创新中占据优势。各国都将稳固科技人才队伍和在全球范围内吸引优秀人才作为重要的国家战略，以支撑国家经济、社会、科技的可持续发展（陈云伟等，2020）。要深刻认识人才引领发展的战略地位，充分发挥人才第一资源作用，深化人才发展体制机制改革，全方位培养、引进、用好科技人才，激发科技人才创新活力，为加快建设科技强国提供坚强有力的支撑（梁颖达，2022）。科技人才引进政策有助于为建设世界科技强国从顶层设计上统筹规划，引进科技人才队伍，形成全球科技人才聚集机制（苗绿等，2017）。

我们知道，科技强国更多体现的是中国情景下的概念，目前国际上还没有公认的世界科技强国概念，对其内涵与特征并没有形成统一的认识，更谈不上有符合各个要素内在运行机制机理的指标体系构建，国内学者较多从关键指标分析中国建设科技强国的进程，然后提出相关政策建议，缺乏从科技强国内涵特征出发，筛选符合我国科技创新发展规律和特色的科技强国评价指标体系及其对中国科技强国进程的监测评价。同时，从上述文献梳理可以看出，目前学界对世界主要国家科技强国建设的经验与教训有了一定的认识，但还须对科技强国建设的路径、模式有更精准的理解，打开世界科技强国建设行动框架的“黑箱”，按时代使命规划目标任务，科学前瞻谋划加快建设创新型国家和世界科技强国的战略路径。

四、主要结论与创新点

建设科技强国是国家赋予我国科技界和社会各界未来30年的国家战

略使命。2016 年 5 月，习近平总书记在全国科技创新大会、两院院士大会、中国科学技术协会第九次全国代表大会上发出建设世界科技强国的号召。众多专家、学者已经开展了大量研究，创新政策在实践中取得了积极成效。但截至目前，对世界科技强国内涵的解构分析、对科技强国建设进程的评价，以及对世界科技强国建设的一般性规律尚缺乏深入系统的研究认识，需要从历史纵深展望未来发展、从全球视野谋划模式路径，探索适合中国国情、具有中国特色的世界科技强国建设之路。因而，本书作者聚焦“建设世界科技强国”重大战略，进行广泛的文献调研、数据分析、专家研讨，与既有研究相比，本书形成如下结论和创新点。

第一，深入研究科学技术发展的理论逻辑、世界科技强国演进的历史逻辑以及中国科技创新发展的现实逻辑，系统总结提炼世界科技强国的深刻内涵与特征。本书认为，世界科技强国是能够汇聚全球科技创新资源，引领世界科技发展方向，形成重大科学研究成果和先进技术水平，拥有雄厚技术扩散和应用能力，实现核心竞争力和综合国力世界领先的国家。科技强国是一个相对的概念，不仅是指在科技创新领域的世界强国，还体现在通过科技创新实现国家强盛和人民幸福的目标。本书作者在深入学习习近平新时代中国特色社会主义思想和习近平总书记关于科技创新重要论述的基础上，对标党的十九大和十九届历次全会对科技创新作出的部署和任务，凝练提出新时代科技强国的核心特征：一是世界的科学策源地，涌现一批具有世界影响力的科学大师，取得一批影响世界科学进程的重大科学发现，引领科学发展潮流；二是世界的技术引领者，在技术革命中发挥重要引领和推动作用，在重点领域实现关键技术体系突破；三是世界的创新高地，高技术产业和知识密集型产业比例明显高于其他国家，为国家经济社会繁荣发展和区域协调发展提供强有力支撑。

第二，研判中国科技创新发展的位势与态势，科学地开展中国建设世界科技强国的进程监测。世界科技强国是创新型国家的高级阶段，对其建设进程进行监测评价体现为对国家科技创新能力的综合评价。本书在梳理与分析《全球创新指数》《世界竞争力年鉴》《国家创新指数报告》等报告的评价指标体系的基础上，根据世界科技强国的内涵及其科学强、技术强和产业强三个方面的核心特征，从科学发现能力、技术引领能力、创新驱动能力三个维度构建世界科技强国评价指标体系。以总量指标反映规模优势，以相对指标反映投入产出强度与密度。以状态指标反映创新系统的水平优劣，以效率指标反映创新系统动态特征。以综合指标描述经济体创新投入、过程、产出的总体特征，以翘楚指标反映创新体系某些主体和要素的突出表现。定量指标和定性指标相结合，最终形成由 3 个一级指标和 26 个二级指标构成的世界科技强国评价指标体系。研究发现，“十三五”以来，我国科技实力和创新能力大幅提升，实现了历史性、整体性、格局性变化。技术引领能力跻身世界前列，产业创新能力显著提升，成为世界创新版图中的重要一极。与主要世界科技强国相比，我国在科学发现、技术引领和产业创新方面的规模优势已初步显现，在一些领域比肩部分世界科技强国，但在创新结构、顶尖成果、国际影响力和竞争力方面还存在很大差距。

第三，回顾世界科技强国的发展历程与演进，总结主要科技强国的发展模式与道路，重点解读国家科技战略的变迁，分析总结成功经验与失误教训，为我国建设科技强国提供参考和借鉴。近代以来的几次科技革命，引发大国兴衰和世界格局调整，英国、法国、德国、美国、日本等国家抓住机遇，因时而动、因地制宜，探索形成了各具特色的科技强国建设模式和发展道路，进而占据了世界经济主导地位和科技创新领先地位。本书在对传统国家个案经验进行研究的基础上，经过深入的探幽发微式的比较分析，力求借他山之石谋划攻玉之策，知其然并知其所以然，揭示科技强国建设的一般性规律。一是自由市场主导，强化科技引领。英国遵循自由主义的市场经济规则，率先爆发了第一次科学革命、技术革命和工业革命，成为世界第一个科技强国。美国继承英国自由主义的传统，并把自由主义发挥到极致，引领了第二次科学革命、第二和第三次技术革命和工业革命，在第二次世界大战后接过英国的接力棒成为世界头号科技强国。二是政府积极干预，塑造竞争优势。德国“铁血宰相”奥托·冯·俾斯麦（Otto von Bismarck）“自上而下”统一德意志帝国，有效抑制了自由市场的无政府状态，抓住第二次技术革命和工业革命的机遇，使德国迅速成为19世纪末20世纪初的世界科学中心和工业强国。法国左翼政党长期执政形成了政府干预经济和科技活动的传统，推行计划与市场相结合的资源配置方式，促成法国在科学技术与高新技术产业层面实现“辉煌三十年”（20世纪60～80年代），重新跻身世界有重要影响力的科技强国行列。三是政府直接主导，助力后发赶超。日本从“贸易立国”到“技术立国”再到“科学技术创新立国”，国家意志及政府干预助力实现技术赶超，成为世界科技强国。

世界主要科技强国在建设发展过程中结合自身的政治、经济、历史、文化、环境等因素采取了不同的建设模式，积累了许多宝贵的经验，形成了可供借鉴的建设发展路径。一是从产业发展引发科技需求，再到科技创新推动产业发展，形成科学、技术、产业发展的循环互动。人类社会发展至今经历两次科学革命、三次技术革命及由此引发的三次工业革命洗礼，科学、技术、产业三者之间逐步从相对分立发展到相互促进直至融合并进，作为科技强国标志的世界科学中心逐步演化为世界科技创新中心。二是科技与教育协同创新，推动科技和教育发展螺旋式上升。教育是科技强国建设的基础和强大动力，教育强则科技兴、国家强，教育既传递科学知识、培植科学精神，又培养了科学、技术和工程等领域的各类人才。世界科技强国的兴起和形成往往继发于世界教育中心。三是发挥科学文化软实力作用，以科学文化赋能科技创新。世界科学中心崛起皆以科学文化变革为前提和基础，支撑世界科技发展的制度创新往往源于科学文化理念的引领，由科学文化演变而来的科学传统构成世界科技强国的重要基础。四是灵活利用政府与市场“两只手”，努力提高创新效率。世界科技强国无一不是采取市场经济体制同时发挥政府作用的国家。政府作用在不同国家有很大的差异，同一国家在不同的发展时期政府的作用也有很大不同。进入21世纪第二个十年以来，强化政府作用是世界科技强国建设的普遍趋势。五是整合优化全球科技创新资源，占据创新发展制高点。随着科技领域的扩展和研究开发向纵深发展，国际科技合作与竞争日益加强。深度融入全球科技创新网络，充分整合全球科技资源，打造世界创新资源的集聚中心和创新活动的控制中心，成为建设世界科技强国的必由之路。

第四，研究提出中国建设世界科技强国模式的核心特征是有效市场与有为政府有机结合，即坚持市场在科技创新资源配置中的决定性作用，更好地发挥政府作用。中国建设世界科技强国需要立足本国国情，汲取主要科技强国的建设经验，把握未来三十年国际国内发展趋势，探索一条具有中国特色的世界科技强国建设之路。一是以社会主义市场经济作为科技创新的重要牵引；二是拥有科学系统的顶层设计和高效的组织动员体系；三是产出同时实现国家目标和经济效益的科技创新成果。

中国建设世界科技强国的路径应遵循的基本原则是：充分发挥自身优势，把强化科技创新长板与补齐短板有机结合，即要充分发挥制度、市场、人才、文化等优势，正确处理好市场与政府、国内与国际、自主创新与开放创新、教育与科技、科学技术与产业之间的关系。具体有以下5条路径：一是发挥市场优势，把产业链与创新链、价值链有机结合；二是坚持人才为本，把培养本土人才与引进人才有机结合；三是弘扬科学理性精神，把现代科学文化与传统文化优势有机结合；四是坚持集中力量办大事的制度优势，把新型举国体制和市场体制有机结合；五是深化自主创新，把国内创新与国际创新有机结合。

当前，世界百年未有之大变局加速演进，这既为我国建设世界科技强国提供了千载难逢的历史机遇，同时也提出了巨大的挑战。我国科技强国建设要充分发挥中国模式的特色优势，坚持党对科技事业的全面领导，完善新型举国体制，推动科教融合，加强开放创新体系建设，提升国家创新体系效能，为实现中华民族伟大复兴的中国梦提供战略支撑。

第二章　世界科技强国的内涵与评价体系

一、世界科技强国的内涵与特征

（一）世界科技强国的内涵

1. 相关概念研究

世界科技强国这一概念虽然已提出多年，但学术界尚未给出一个具体的定义，相关研究集中在对知识经济、创新型国家的内涵以及对世界科技强国特征的描述方面。早在 1996 年，经济合作与发展组织（OECD）便开始使用“知识经济”（Knowledge-based Economy）这一概念，经济发展已经进入不再依赖原材料和能源的大量消耗，而依靠以科技为核心的知识和信息（OECD，1996）的新阶段。Larson（2001）指出，创新经济体是指知识和技术的前沿不断地、迅速地拓展，并且被有效应用于扩大生产力和提升人们生活水平的经济体。Eugenia 等（2014）认为，创新经济体是指一个经济发展建立在知识、创新、专有技术、新系统和新技术之上，并且这些知识和技术被广泛应用于经济活动的经济体。

Furman 等（2002）认为，国家创新能力指一个国家在长时段上开发一系列创新性的技术并将之商业化的能力。纪宝成和赵彦云（2008）认为，创新型国家是以技术创新为经济社会发展核心驱动力的国家，创新活动的投入较高，重要产业的国际技术竞争力较强，投入产出的绩效较高，科技进步和技术创新在产业发展和国家财富增长中起重要作用。谢富纪（2009）提出，创新型国家是指以追求原始性科技创新为国家发展基本战略取向，以原始性创新作为经济发展的主要驱动力，以企业作为科技创新主体，处在世界科学技术与经济社会发展高端的国家。宋河发等（2010）指出，创新型国家是指自主创新能力强，并以创新驱动经济和社会发展的国家。国家创新体系完善，研究开发投入能力强，创新产出能力强，创新转化效率高，具有支持创新的基础设施和社会文化。

冯江源（2016）认为，世界科技强国之“强”是以先成为世界或地区大国为前提的，并表现为对内稳定力、统筹力强，对外制导力、威慑力强，对国际事务中维护本国最大利益的核心竞争力强。胡鞍钢等（2017）提出“三个强国”及“三位一体”强国方略集，认为经济强国是基础，制造强国是核心，科技强国是动力，经济、产业、科技三大体系融为一体，才能形成相互需求、相互借力、相互支撑、相互带动的良性循环。李国杰（2017）指出，科技强国应与产业强国同步融合发展，产业强国是科技强国的主要目标，“产业上不受制于人，居于全球价值链中高端”是具有科技强国实力的重要标志。张先恩（2017）强调，科技革命源于基础研究的“百花齐放”，科技强国的形成和巩固离不开厚实的基础研究。柳卸林等（2020）认为，科技强国是指能够引领世界科技发展的前沿国家，能够汇聚全球科技资源要素并将其转化为重大科学成果，进而推动全球经济社会快速发展的国家。

2. 世界科技强国的内涵界定

上述研究为我们把握世界科技强国的内涵提供了重要参考。本书认为，对世界科技强国内涵的解析需要从以下三个名词着眼。

首先是对“世界”的理解。一方面，突出强调中国建设科技强国不着眼于国内，而是着眼于全球；另一方面，中国的科技强国建设要为世界科技发展做出贡献，解决全人类经济社会等发展面临的问题。

其次是对“科技”的理解。这里包括两个方面的含义：一是一国的科学和技术自身达到较高水平，具有重大科学研究成果和先进的技术水平，成为世界科技中心和创新高地；二是科技的较高水平对经济社会等发展进步产生强有力的支撑和引领作用。

最后是对“强国”的理解。从动态上看，是指增强国力、振兴国家，即大力提升国家核心竞争力和综合国力；从状态上看，是指国家核心竞争力和综合国力较强，在大国竞争中胜出，处于世界先进行列。

综上，可以将世界科技强国理解为：能够集中和汇聚自身及全球科技创新资源要素，形成重大科学研究成果和先进技术，使之成为经济社会等快速发展的核心驱动力，从而实现国家核心竞争力和综合国力跃居世界先进行列的国家（玄兆辉等，2018）。

3. 世界科技强国与创新型国家的关系

从发展方式看，世界各国可以大体分为三类：资源出口型国家、经济依附型国家和技术创新型国家。前两类国家具有较大的沦落为边缘化国家的风险，而以技术创新为主要特征的国家逐渐成为掌握国际话语权的核心国家。中国既没有过多的资源可以出口，也不可能走经济依附型的边缘化道路，只能走技术创新型发展的道路。因此，实施创新驱动发展战略，建设创新型国家和世界科技强国成为21世纪上半叶我国科技发展的战略目标和实现中华民族伟大复兴的中国梦的必然选择。

世界各国的科技进步与经济发展往往并驾齐驱。从统计数据看，在全世界220个国家和地区中，有研究与开发（R&D）活动的国家约有140个，但R&D经费占GDP的比重超过1%的国家只有30多个，这30多个国家的人口总数约占全球人口总数的40%，但GDP总量占全球GDP总量的80%，R&D经费总量约占全球R&D经费总量的90%（World Bank，2022）。这说明世界上的经济强国的经济强弱与科技发展水平密切相关。虽然一些小国可以通过自然资源要素实现国家经济和国民财富的增长，但没有一个大国能够长期依赖自然资源要素成为世界经济强国。比较世界科技与经济排名靠前的国家与其他国家之间的区别可以发现，创新型国家是以科技创新为经济社会发展核心驱动力、技术和知识成为国民财富创造的重要源泉、具有强大创新国际竞争优势的国家。世界科技强国是能够汇聚全球科技创新资源，引领世界科技发展方向，形成重大科学研究成果和先进技术水平，拥有雄厚的技术扩散和应用能力，实现核心竞争力和综合国力保持世界领先的国家。

世界科技强国与创新型国家建设息息相关。从历史逻辑来看，中国提出到2020年进入创新型国家行列，2035年跻身创新型国家前列，2050年建成世界科技强国。建设创新型国家是建成世界科技强国的基础。从内涵来看，创新型国家强调以创新为主要驱动方式，科技创新是全面创新的重中之重，这与世界科技强国建设是内在统一的。可以说，创新型国家建设实现了驱动发展方式的转变，由要素驱动和投资驱动转为创新驱动；世界科技强国是在创新驱动发展下，科学技术水平进一步发展，推动国家核心竞争力和综合国力达到世界领先水平。因此，创新型国家评价指标体系是开展世界科技强国评价的重要基础。

4. 世界科技强国与现代化强国的关系

党的十八大以来，以习近平同志为核心的党中央统筹全局，总结改革开放以来的历史经验，全面深化社会主义现代化强国建设思想，把社会主义现代化与实现中华民族伟大复兴的中国梦联系起来，统筹经济建设、政治建设、文化建设、社会建设和生态文明建设“五位一体”总体布局，全面建成小康社会、全面深化改革、全面依法治国、全面从严治党“四个全面”战略布局。党的十九大报告提出国家治理体系和治理能力现代化，建设富强民主文明和谐美丽的社会主义现代化强国的战略目标，并部署建设科技强国、质量强国、航天强国、网络强国、交通强国等要求，这些“强国”都是社会主义现代化强国的应有之义。

科技强国是现代化强国建设的核心和战略支撑，科技不强，只能说是“大国”而不是“强国”。2020 年进入创新型国家行列，2035 年跻身创新型国家前列，到中华人民共和国成立 100 周年时成为世界科技强国，是我国科技创新“三步走”战略目标，与建设社会主义现代化强国的理论逻辑和历史逻辑高度契合（袁秀和万劲波，2020）。建设世界科技强国是党中央在新的历史起点上作出的重大战略抉择。习近平总书记强调，“科技创新是核心，抓住了科技创新就抓住了牵动我国发展全局的牛鼻子”（习近平，2016）。党的十九大报告指出：“加强应用基础研究，拓展实施国家重大科技项目，突出关键共性技术、前沿引领技术、现代工程技术、颠覆性技术创新，为建设科技强国、质量强国、航天强国、网络强国、交通强国、数字中国、智慧社会提供有力支撑。加强国家创新体系建设，强化战略科技力量。深化科技体制改革，建立以企业为主体、市场为导向、产学研深度融合的技术创新体系，加强对中小企业创新的支持，促进科技成果转化。倡导创新文化，强化知识产权创造、保护、运用。培养造就一大批具有国际水平的战略科技人才、科技领军人才、青年科技人才和高水平创新团队。”（习近平，2017）在党的二十大报告中，习近平总书记指出，我国要深入实施科教兴国战略、人才强国战略、创新驱动发展战略，坚持教育优先发展、科技自立自强、人才引领驱动，加快建设教育强国、科技强国、人才强国。这既强调了建设世界科技强国的目标，也为世界科技强国的建设做好了全局性的安排和顶层设计，尤其是凸显了科学技术及技术创新对于建设科技强国、质量强国、航天强国、网络强国、交通强国等的重要价值和战略意义。中国必然会在更大程度上发挥“科学技术是第一生产力”的重要作用，在科技强国的步伐中，大步向前，以更强的科技实力稳步建成社会主义现代化强国（丁威和解安，2017）。

（二）世界科技强国的特征

根据世界科技强国的内涵，其主要特征可以从两个层面进行探讨。一是科学技术本身层面，世界科技强国首先是科技强，一方面，应该具有优秀的科学发现能力，不断取得重大科学研究成果；另一方面，应该具有坚实的技术创新能力，确保技术始终处于先进水平。二是科学技术功能层面，世界科技强国应该是国家强，具有高效的成果转化渠道和成果转化能力，科学技术成果能够转化为具有市场价值的创新产品，形成高度繁荣的高新技术产业，支撑和引领社会进步，最终作用于国家核心竞争力和综合国力的提升，实现以科技强支撑国家强的目标，体现为驱动发展的效果。总体而言，世界科技强国的核心特征包括三个方面：具备卓越的科学研究能力、具有坚实的技术创新能力、具有高效的创新成果竞争能力。

1. 世界的科学中心

世界科技强国应能主动顺应科学发展的时代趋势，产出占世界较大比例的科学研究成果，涌现一批具有世界影响力的科学大师，取得一批影响世界科学进程的重大科学发现，引领科学发展潮流，开拓科学发展的新领域、新方向，并在此基础上形成具有国际影响力的理论体系和学派，主导世界科学的发展。

有关世界科学中心的研究最早可以追溯到欧洲学者约翰·戴斯蒙德·贝尔纳（John Desmond Bernal）。贝尔纳在《历史上的科学》一书中阐述了“科学活动中心”的思想。他认为，科学的进步在时空上呈现非均衡性。从时间上看，科学活动在几个迅速进展的时期之间，隔有更长的停顿期甚至衰退期。日本学者汤浅光朝以1956年日本平凡社的《科学技术编年表》为数据来源，按国别对科学成果情况进行计量研究，绘制了主要国家在1501～1950年相对成果数的变化曲线。汤浅光朝认为，如果一个国家的重大科学成果相对数超过25%，则成为世界科学活动中心，其持续的时间称为科学兴隆期。他认为科学中心转移的国家顺序为意大利、英国、法国、德国、美国，每个国家的科学兴隆期为80年左右。1974年，采用汤浅光朝同样的按国别统计科学成果的方法和关于科学活动中心的定义，我国学者赵红州根据《复旦大学学报》所载《自然科学大事年表》进行统计分析，获得与汤浅光朝同样的重大科学成果编年曲线，起止年份略有不同，平均周期也为80年。

近代以来的世界科技强国，如英国、法国、德国、美国、日本等，科学研究的整体实力在不同时期甚至相当长时期明显领先于同时期世界其他各国。这些国家为世界贡献了当时主要的重大科学发现，推动了重要学科的建立和发展，并主导了建立绝大多数科学的理论体系。例如，17世纪经典力学、19世纪电磁学、20世纪初期量子力学和相对论等重大理论创新，都极大地推动了世界科学发展进程。同时，在不同历史阶段，世界科技强国总是大师云集、群星璀璨，他们以卓越的开创性研究和突破性成果，主导全球科技潮流，引领世界科技发展，树立世界科技发展和人类文明的丰碑。17世纪以来，英国不断涌现出大量具有世界影响力的科学大师，如构建经典力学体系的艾萨克·牛顿（Isaac Newton），测出引力常量的物理学家和化学家亨利·卡文迪什（Henry Cavendish）、发现原子结构的化学家约翰·道尔顿（John Dalton）、奠定电磁学基础的物理学家迈克尔·法拉第（Michael Faraday）和詹姆斯·麦克斯韦（James Maxwell），以及奠定进化论基础的生物学家查尔斯·罗伯特·达尔文（Charles Robert Darwin）等，促使英国成为经典力学、物质结构、电磁场理论与生物进化论等重大科学领域的策源地。德国先后涌现出发现行星运动定律的物理学家约翰尼斯·开普勒（Johannes Kepler）、带领德国化学走在世界前列的化学家尤斯图斯·李比希（Justus Liebig）等，尤其是为电磁理论创立做出巨大贡献的物理学家乔治·欧姆（Georg Ohm）、赫尔曼·亥姆霍兹（Hermann Helmholtz）等，更是促使德国成为率先发起第二次技术革命的科技强国。

2. 世界的技术引领者

世界科技强国应能在技术革命中发挥重要的引领和推动作用，在重点领域实现关键技术体系的突破。这些关键技术又作为主导力量带动了相关技术群的发展，极大地提升社会生产力水平，进而深刻影响和改变人类的生产和生活方式，也极大地改善人类的生活水平。

英国、法国、德国、美国、日本等世界科技强国，于不同时期在重点领域率先实现重大技术突破，推动新的技术革命，显著提升社会生产力水平，领先于同时期世界其他国家。例如，18 世纪中叶到 19 世纪初，英国凭借蒸汽机技术突破，引发了第一次技术革命，形成了以蒸汽机动力为核心的技术体系，带动了机械化生产的迅速发展与全面推广，使西欧由农业社会进入工业社会。19 世纪下半叶，德国率先推动以电力技术和内燃机技术为标志的第二次技术革命，形成了以电力技术为主导的技术体系，创造了电力与电器、汽车、石油化工等一大批新兴产业，将工业社会带入电气化时代。20 世纪，美国在电子技术、计算机和信息网络技术方面取得重大突破，引发了以电子技术和信息技术为主导的第三次技术革命，促使社会生产在机械化、电气化的基础上逐渐实现了自动化和信息化，推动人类进入全球化、知识化、信息化和网络化的时代。

3. 世界的创新高地

世界科技强国的高技术产业和知识密集型产业比例明显高于其他国

家，具有高度发达的产业集群，具有世界领先的科技园区，为国家经济社会繁荣发展和区域协调发展提供强有力支撑。同时，经济与产业发展带动科技实力显著提升，科技强与经济强互促共进，共同向前发展。

科技创新作为经济产业发展的核心驱动力，不断加快世界科技强国的产业升级和新产业、新经济的开创发展。科技的发展在不断揭示客观世界和人类自身规律的同时，也极大地提高了社会生产力，对经济社会发展有着重大和深远的影响。18 世纪中叶的第一次工业革命使机械生产代替了手工劳作，推动经济社会发展方式变革，实现由农业、手工业支撑转型为工业、机械制造带动。19 世纪下半叶的第二次工业革命，通过电力技术和内燃机技术的推广与应用，开创了批量生产产品的社会生产方式，革新了人类经济社会的分工模式。20 世纪的第三次工业革命和新一轮产业变革的孕育兴起更是被科技创新接连引发，迅速推进。科技发展日益成为产业、经济发展的核心驱动力，不断地影响人类社会的生产劳动模式、产业经济形态和社会生活方式。进入 21 世纪，以数字化、智能化为主要特征的新一轮产业变革不断走向深入，由物联网、大数据、机器人及人工智能等技术所驱动的社会生产方式发生根本变革，使人类的生产和生活发生深刻的变化，国家发展需要推动科技创新、制度创新、组织创新、文化创新等方面全面创新系统加以应对。

世界科技强国的科技发展造就了经济辉煌，而经济与产业的发展、社会财富的积累，又使这些国家有条件增加对科技要素的投入，为科技创新注入强大活力，促使科技进一步加速蓬勃发展，继而实现良性循环。经济与产业的发展为科技发展提供强有力的后盾，且不断为科技发展提出新需求、树立新目标，进一步牵引科技发展升级，成为科技创新发展的重要牵引力。随着经济与产业的发展，环境污染、能源短缺、食品安全等人类面临的重大问题不断涌现，迫切需要依靠科技创新加以解决。世界科技强国都把发展科技置于突出位置，作为解决这些重大问题、服务国家和经济社会发展重大需求的主要手段，从而推动科技进一步发展。

二、建设世界科技强国的重大意义

（一）建设世界科技强国是开启全面建设社会主义现代化国家新征程的必然要求

当今世界正经历百年未有之大变局，科技创新是其中一个关键变量。早在中华人民共和国成立初期，党中央就发出了“向科学进军”的号召。周恩来在第三届全国人民代表大会第一次会议的政府工作报告中首次提出把中国建设成为一个具有现代农业、现代工业、现代国防和现代科学技术的社会主义强国。在当前全面建成小康社会、实现第一个百年奋斗目标、向第二个百年奋斗目标进军的新发展阶段，建设世界科技强国，加快实现高水平科技自立自强，为经济社会发展和国家安全保障提供更多高质量科技供给和强有力科技支撑，是在危机中育先机、于变局中开新局的关键之举。习近平总书记强调：“实践反复告诉我们，关键核心技术是要不来、买不来、讨不来的。只有把关键核心技术掌握在自己手中，才能从根本上保障国家经济安全、国防安全和其他安全。”（习近平，2018）没有科技自立自强，在国际竞争中“腰杆子就不硬”，就会被锁定在创新链和产业链低端。只有把中国的科技创新建立在自立自强的坚实基础上，形成应对风险挑战的抗压能力、对冲能力和反制能力，才能有效维护国家安全和战略利益，为国家实现高质量发展提供源源不断的内生动力。

（二）建设世界科技强国是引领开拓我国发展新境界的必由之路

党的十八大以来，以习近平同志为核心的党中央高度重视科技创新，从国家战略高度，立足时代发展前沿，描绘世界科技强国建设路线图。当前中国处于近代以来最好的发展时期，同时世界处于百年未有之大变局，两者同步交织，相互激荡。从国内形势看，我国正处于“两个一百年”奋斗目标的历史交汇期，需要建设科技强国推动经济高质量发展、保障国家安全。“十三五”以来，我国科技实力和创新能力大幅提升，实现了历史性、整体性、格局性变化，我国科技事业发展正在从量的积累向质的飞跃，从点的突破向系统能力提升转变。与此同时，我国科技发展还面临一些突出问题和挑战，如创新基础相对薄弱、关键“卡脖子”技术受制于人、重大原创成果不多、创新体制政策不健全等，同实现“两个一百年”奋斗目标的要求还很不适应。唯有加快推进世界科技强国建设，才能牢牢把握关键科技，掌握科技发展主动权，在解决重大问题、开辟新的科学领域方向、构建新的科学理论体系上做出中国贡献，全面支撑建设社会主义现代化强国。

（三）建设世界科技强国是历史交汇机遇期的必然选择

从国际形势来看，当前国际宏观面发生了深刻变化，中国需要成为世界科技强国以应对更加复杂的外部环境考验。一是全球治理格局发生重大变化，世界权力中心逐渐向东方转移，中国正逐步走向世界舞台的中央，需要在全球治理体系中发挥更大作用。二是世界科技、经济竞争加剧，东西方力量对比发生重大变化。中国等一批新兴经济体群体性崛起，美国等一些发达国家为维护自身优势与国际霸权，对中国进行打压，全球单边主义倾向日益严重，进入多极化与单极化之间的矛盾对撞期。三是我国发展进入新的阶段，正着力加快创新发展，自立自强。构建以国内大循环为主体、国内国际双循环相互促进的新发展格局，就要实现高水平的自立自强。坚持创新在我国现代化建设全局中的核心地位，把科技自立自强作为国家发展的战略支撑。提高自主创新能力，让中国智慧不断在创新中奋勇前行，让“中国智造”在国际市场上具有更强竞争力，显著提升国家综合实力。新时代的我们要勇挑重担，敢于创新，推动创新发展，共同擘画伟大蓝图。这充分表明，中国建设世界科技强国已成为关系“国运”的大事，是在新一轮国际竞争中占据优势并保持长远发展的根本准备。

（四）建设世界科技强国是实现中华民族伟大复兴的中国梦的必要途径

近两百年来，历次科技革命和产业变革无不深刻地改变着世界发展走向、重构世界竞争格局，科技创新已成为民族兴衰、国力消长的关键所在。从世界科技发展态势来看，随着经济全球化、社会信息化深入发展，各类创新要素充分流动和优化配置，大大加快了新一轮科技革命和产业变革的步伐。先进制造、清洁能源、人口健康、生态环境等重大创新领域加速发展，深空、深海、深地、深蓝成为各国竞争的焦点，人工智能、大数据、虚拟现实等成为创新型企业竞相发展的重点，这些领域持续涌现出一批颠覆性技术，将成为重塑世界竞争格局的关键变量。面对世界科技发展的新形势，我们要站在长远发展的战略高度，紧紧把握战略机遇，真正走出一条从人才强、科技强到产业强、经济强、国家强的发展道路，为实现中华民族伟大复兴的中国梦奠定基础。

三、科技强国的评价指标体系

（一）国家科技创新能力评价指标及指标体系

指标是世界科技强国建设进程监测评价的基石。世界科技强国是创新型国家的高级阶段，对其建设进程进行监测评价体现为对国家科技创新能力的综合评价。研究显示，国内外对国家科技创新能力的评价，经历了从单一指标评价到系统的指标体系评价的演进过程。美国经济学家杰弗里·萨克斯（Jeffrey Sachs）曾提出以人均专利指标来评估国家的创新性（柳卸林等，2020）。2006年发布的《国家中长期科学和技术发展规划纲要（2006—2020年）》提出评价国家创新能力的5个指标，即全社会研究开发投入占国内生产总值的比重、科技进步贡献率、对外技术依存度、本国人发明专利年度授权量和国际科学论文被引用数世界排名，并分别提出了2020年的目标值。虽然涉及多项指标，但未形成综合指数，仍属于单一指标评价。随着创新型国家内涵的不断丰富，指标体系方法开始应用于国家创新能力评价。

国际上比较知名的国家创新能力评价报告主要有世界知识产权组织、康奈尔大学、欧洲工商管理学院的《全球创新指数》，世界经济论坛的《全球竞争力报告》，瑞士洛桑国际管理发展学院的《世界竞争力年鉴》，以及中国科学技术发展战略研究院的《国家创新指数报告》等。其中，《全球创新指数》和《国家创新指数报告》是评价经济体创新能力的报告，《全球竞争力报告》和《世界竞争力年鉴》主要侧重对经济体综合竞争力的评价（表2-1）。

表2-1　国家科技创新能力评价指标体系构成与特点

报告名称	发布机构	指标维度	指标数量/项	指标体系构成
全球创新指数	世界知识产权组织、康奈尔大学、欧洲工商管理学院	7	>80	体制机制、人力资本与研究、基础设施、市场成熟度、商业成熟度、知识和技术产出、创意产出
全球竞争力报告	世界经济论坛	12	>100	制度、基础设施、宏观经济环境、健康与初等教育、高等教育和培训、商品市场效率、劳动力市场效率、金融市场发展、技术就绪度、市场规模、商业成熟度、创新
世界竞争力年鉴	瑞士洛桑国际管理发展学院	4	>300	经济运行状况、政府效率、企业效率、基础设施
国家创新指数报告	中国科学技术发展战略研究院	5	30	创新资源、知识创造、企业创新、创新绩效、创新环境

1. 全球创新指数

世界知识产权组织、康奈尔大学、欧洲工商管理学院联合发布的《全球创新指数》是世界范围内评价经济体创新能力的权威报告之一。该报告于 2007 年创立，每年发布一次，对世界 100 多个国家和地区进行创新评价。《全球创新指数》建立了由创新投入和创新产出的 2 个二级指标、7 个三级指标和 80 余个基础指标所构成的指标体系，主要评价全球范围内主要经济体的创新能力。指标体系从体制机制、人力资本与研究、基础设施、市场成熟度和商业成熟度 5 个方面评价创新投入，从知识和技术产出、创意产出两个方面评价创新产出；从创新投入、创新产出两个方面评价国家和地区的创新能力（图 2-1）。

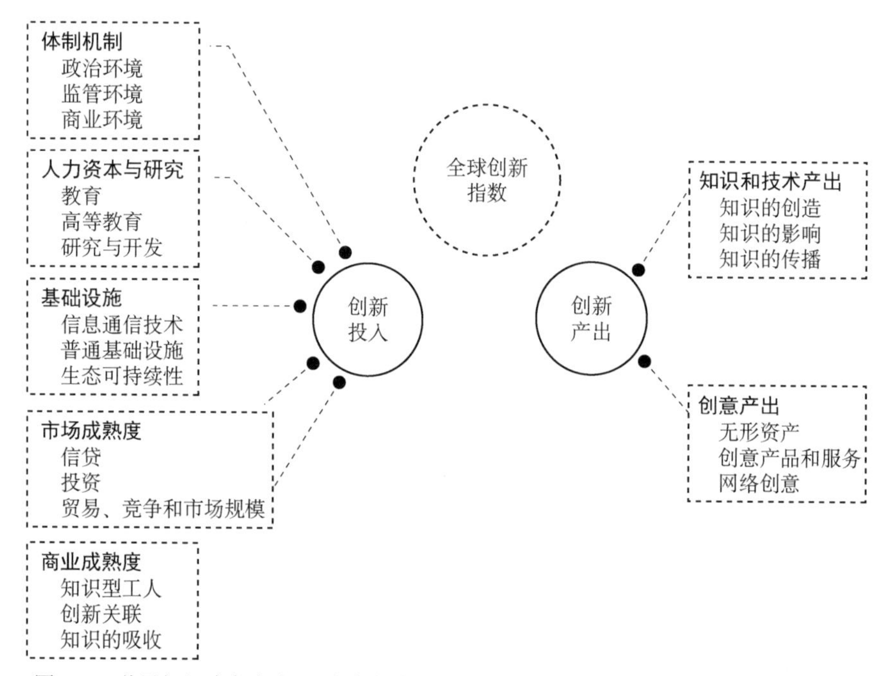

图 2-1 世界知识产权组织、康奈尔大学、欧洲工商管理学院的《全球创新指数》评价指标框架体系

2. 全球竞争力报告

世界经济论坛的《全球竞争力报告》是世界上最具影响力的竞争力评价报告之一。该报告自 1979 年起定期发布，对全世界处于不同发展阶段的 100 多个国家和地区进行竞争力评价。该报告的评价指标体系包括制度、基础设施、宏观经济环境、健康与初等教育、高等教育和培训、商品市场效率、劳动力市场效率、金融市场发展、技术就绪度、市场规模、商业成熟度和创新 12 个方面 100 余个基础指标。《全球竞争力报告》主要反映综合竞争能力，因此与创新相关的指标较少，主要集中于技术准备度和研发创新两个部分。研发创新采用的反映研发的核心指标为企业 R&D 支出和产学研合作的 R&D 支出，以及专利合作条约（Patent Cooperation Treaty，PCT）专利申请量（表 2-2）。

表 2-2　世界经济论坛的《全球竞争力报告》评价指标体系

维度一：基础环境	指标 1：制度	1.01 有组织的犯罪
		1.02 凶杀率
		1.03 恐怖主义发生情况
		1.04 警察服务的可靠性
		1.05 社会资本
		1.06 预算透明度
		1.07 司法独立性
		1.08 法律体系对于解决政商矛盾的有效性
		1.09 新闻自由
		1.10 政府管制负担
		1.11 法律体系解决争端的有效性
		1.12 电子化参与指数
		1.13 政府的未来定位
		1.14 腐败情况
		1.15 产权保护
		1.16 知识产权保护
		1.17 土地管理质量
		1.18 审计和报告标准力度

续表

维度一：基础环境	指标 1：制度	1.19 利益冲突管理
		1.20 股东管理
	指标 2：基础设施	2.01 公路连通性指数
		2.02 公路质量
		2.03 铁路密度
		2.04 铁路服务效率
		2.05 机场连通性
		2.06 空运服务效率
		2.07 定期航运连通性指数
		2.08 海港服务效率
		2.09 用电普及率
		2.10 电力运输和配送损耗
		2.11 不安全饮水人口比例
		2.12 供水可靠性
	指标 3：信息通信技术应用	3.01 移动电话接入数（每 100 人）
		3.02 移动宽带接入数（每 100 人）
		3.03 固定宽带互联网接入数（每 100 人）
		3.04 光纤宽带接入数（每 100 人）
		3.05 互联网使用人口比例
	指标 4：宏观经济稳定性	4.01 通胀率
		4.02 公共债务指数
维度二：人力资本	指标 5：卫生	5.01 健康预期寿命
	指标 6：教育和技能	6.01 平均受教育年限
		6.02 雇员培训程度
		6.03 职业培训质量
		6.04 毕业生技能
		6.05 数字技术技能
		6.06 找到熟练雇员的容易程度
		6.07 预期受教育年限
		6.08 教学中的批判性思维
		6.09 小学学生教师比
维度三：市场	指标 7：产品市场	7.01 税负和补贴对竞争的扭曲作用
		7.02 市场垄断程度
		7.03 服务业竞争度

续表

维度三：市场	指标 7：产品市场	7.04 非关税壁垒盛行度
		7.05 贸易关税
		7.06 关税复杂性
		7.07 清关程序效率
		7.08 服务贸易开放度
	指标 8：劳动力市场	8.01 解雇工人的冗余成本
		8.02 雇佣和解雇员工的灵活性
		8.03 劳资关系协调
		8.04 工资决定的灵活性
		8.05 劳动力政策有效性
		8.06 工人权利
		8.07 雇佣外籍劳动力的容易程度
		8.08 内部劳动力流动
		8.09 对专业管理的依赖度
		8.10 报酬与生产效率的联系度
		8.11 劳动力中女性参与率
		8.12 劳动税费率
	指标 9：金融系统	9.01 非公共部门的国内信贷
		9.02 中小企业融资可得性
		9.03 风险资本可得性
		9.04 市值比重
		9.05 保险费比重
		9.06 银行稳固性
		9.07 不良贷款率
		9.08 信贷缺口
		9.09 银行监管资本比率
	指标 10：市场规模	10.01 国内生产总值
		10.02 进口占 GDP 比重
维度四：创新生态系统	指标 11：企业活力	11.01 创办企业的成本
		11.02 创办公司所需天数
		11.03 破产偿还率
		11.04 破产法律体系的充分性和完整性
		11.05 对创业风险的态度
		11.06 高级管理者下放权力的意愿度

续表

维度四：创新生态系统	指标 11：企业活力	11.07 创新型企业的成长
		11.08 企业对颠覆性观点的接受度
	指标 12：创新能力	12.01 劳动力多样性
		12.02 产业聚集发展状态
		12.03 百万人口国际合作发明申请量
		12.04 利益相关者之间的合作
		12.05 科学发表和引用指数
		12.06 百万人口专利申请量
		12.07 R&D 经费占 GDP 比重
		12.08 研究机构质量
		12.09 买方精细度
		12.10 百万人口商标申请量

3. 世界竞争力年鉴

瑞士洛桑国际管理发展学院的《世界竞争力年鉴》是世界范围内最有影响力的国家竞争力评价报告之一。该报告自 1989 年起每年定期发布，参评国家和地区有 60 个左右，中国（不含港澳台地区）自 1994 年起被纳入该报告的评价范围。该报告指标体系包括经济绩效、政府效率、企业效率和基础设施 4 个方面的 300 余个基础指标（表 2-3）。与创新相关的指标为“基础设施”中的“技术设施”和“科学设施”。在“科学设施”中，R&D 支出相关指标有 5 个，论文指标为科学论文数量，专利指标为专利申请量、授权量及有效专利数量。

表 2-3 瑞士洛桑国际管理发展学院的《世界竞争力年鉴》评价指标框架

一级指标	二级指标
经济绩效	国内经济
	国际贸易
	国际投资
	就业
	价格

续表

一级指标	二级指标
政府效率	公共财政
	税收政策
	制度结构
	商业立法
企业效率	生产和效率
	劳动力市场
	金融
	管理惯例
基础设施	基本设施
	技术设施
	科学设施
	健康和环境
	教育

4. 国家创新指数报告

为了监测和评价创新型国家建设进程，中国科学技术发展战略研究院从 2006 年起就开展了国家创新指数的研究工作。2011 年，《国家创新指数报告》首次发布，此后每年定期发布，《国家创新指数报告 2021》是该系列报告的第十一期。《国家创新指数报告》借鉴了国内外关于国家竞争力和创新评价等方面的理论与方法，从创新资源、知识创造、企业创新、创新绩效和创新环境 5 个方面构建了国家创新指数的指标体系，基础指标有 30 项。其中，22 个定量指标突出创新规模、质量、效率和国际竞争能力，同时兼顾大国小国的平衡；8 个定性调查指标反映创新环境（表 2-4）。

表 2-4　中国科学技术发展战略研究院的《国家创新指数报告》评价指标体系

一级指标	二级指标
创新资源	研究与发展经费投入强度
	研究与发展经费占世界比重
	基础研究经费占全社会研发经费支出的比重

续表

一级指标	二级指标
创新资源	研究与发展人力投入强度
	科技人力资源培养水平
	世界大学排名 TOP500 上榜高校平均得分
知识创造	学术部门百万研究与发展经费科学论文被引次数
	高被引论文数量占本国论文数的比重
	工业增加值工业设计注册申请量
	亿美元经济产出发明专利授权数
	有效专利数量占世界比重
企业创新	企业研究与发展经费与增加值之比
	企业研究人员占全社会研究人员比重
	三方专利数占世界比重
	万名企业研究人员 PCT 专利申请数
	知识产权使用费收入占服务业出口额比重
创新绩效	劳动生产率
	单位能源消耗的经济产出
	单位 CO_2 排放的经济产出
	知识密集型服务业增加值占服务业增加值比重
	高技术和中高技术产业增加值占制造业增加值比重
	高技术产品出口额占世界比重
创新环境	知识产权保护力度
	政府规章对企业负担影响
	营商环境指数
	信息化发展水平
	风险资本可获得性
	亿美元 GDP 外商直接投资净流入
	企业与大学研究与发展协作程度
	创业文化

鉴于世界科技强国评价的综合性，需要基于世界科技强国的内涵与核心特征，科学遴选评价指标，采用综合评价指数的方法，对世界科技强国建设进程进行监测与评价。基于世界科技强国的内涵特征分析，综合研究上述国内外创新和竞争力评价指标框架体系研究成果，本书从科学发现能

力、技术引领能力、创新驱动能力三个维度构建我国建设世界科技强国的监测评价指标体系（表 2-5）。

表 2-5 世界科技强国监测评价指标框架与选取原则

指标框架	指标选取原则
科学发现能力	对科学研究活动的投入和产出；科学研究人才的培育；科学研究合作网络的建立对科学知识的传播
技术引领能力	先进技术的研发与掌控；企业等创新主体的技术研发活动；技术成果产出和影响
创新驱动能力	科学发现和技术创新成果高效地转移转化到产业生产的能力；支持企业创新的条件；产业创新驱动国家经济、社会、文化、生态等方面的持续发展能力

（二）指标选取原则

1. 总量指标和相对指标相结合

世界科技强国必然是具有较大创新规模、具备很强创新实力的国家，同时是相对其人口及经济体量来讲具有较高科技创新投入产出强度的国家，因此评价指标要兼顾总量指标和相对指标。以总量指标反映规模优势，以相对指标反映投入产出强度与密度。为最大限度地保证国家间的可比性，指标体系中以相对指标为主，以总量指标为辅。

2. 状态指标和效率指标相结合

世界科技强国是一个相对概念，描述世界科技强国特征需要可体现其科技创新水平的指标。从投入产出的动态视角来看，世界科技强国必然是创新效率很高的国家。因此，评价指标要兼顾状态指标和效率指标，以状态指标反映创新系统的水平优劣，以效率指标反映创新系统的动态特征。

3. 综合指标和翘楚指标相结合

作为世界科技强国，既要体现出较高的综合竞争力，也要在科技创新的核心关键领域展现其领先性和卓越性。因此，评价指标要兼顾综合指标和翘楚指标。综合指标描述经济体创新投入、过程、产出的总体特征，翘楚指标反映创新体系某些主体和要素的突出表现。

4. 定量指标和定性指标相结合

同国际上绝大部分国家竞争力或创新能力评价报告一样，世界科技强国评价指标也要遵循定量指标与定性指标相结合的原则。定量指标反映一切可以用客观数据表征的特点，如科技投入、科技产出等“硬实力”；定性指标用以描述那些采用定量指标无法或不能充分体现的国家科技创新“软实力”特征。

（三）评价指标体系的构建

根据世界科技强国的内涵及其科学强、技术强和产业强三个方面的核心特征，世界科技强国评价指标从科学发现能力、技术引领能力、创新驱动能力 3 个维度来构建评价指标框架。每个维度选取核心指标来反映，形成由 3 个一级指标、27 个二级指标构成的世界科技强国评价指标体系（表 2-6）。

表 2-6 世界科技强国评价指标体系

一级指标	二级指标
1. 科学发现能力	1.1 科学研究经费占 GDP 比重（%）
	1.2 万名研究人员科技论文数（篇/万人）
	1.3 国际合作论文数占本国论文比例（%）
	1.4 高被引论文数量占世界比重（%）
	1.5 自然科学领域诺贝尔奖数量（项）
	1.6 全球人才竞争力指数（0～100）
	1.7 QS 世界大学综合排名 100 强数量（家）
	1.8 留学生占高等教育学生的比例（%）

续表

一级指标	二级指标
2. 技术引领能力	2.1 试验发展经费占 GDP 比重（%）
	2.2 高校和研究机构 R&D 经费中企业资金占比（%）
	2.3 STEM 领域毕业生人数占全部毕业生的比例（%）
	2.4 每万人口发明专利拥有量（件/万人）
	2.5 三方专利占世界比重（%）
	2.6 工业设计数量（项）
	2.7 全球研发投入 2500 强企业数（家）
	2.8 技术国际收入（美元）
	2.9 网络就绪指数（1～7）
3. 创新驱动能力	3.1 高技术产业增加值占制造业比重（%）
	3.2 知识密集型服务业增加值占服务业的比重（%）
	3.3 企业创新百强数量（家）
	3.4 高技术产品出口占世界份额（%）
	3.5 创业风险投资占 GDP 比重（%）
	3.6 营商指数（0～100）
	3.7 人均 GDP（美元）
	3.8 综合能耗产出率（美元/千克标准油）
	3.9 人均预期寿命（岁）

注：STEM 指科学（science）、技术（technology）、工程（engineering）、数学（mathematics）。

相关指标说明如下。

（1）1.1 科学研究经费占 GDP 比重（%）

该指标指在研发经费支出中，基础研究和应用研究经费之和与国内生产总值的比例。该指标反映一个国家对科学研究的投入情况。其中，基础研究是一种不预设任何特定应用或使用目的的实验性或理论性工作，包括纯基础研究和定向基础研究，其主要目的是获得（已发生）现象和可观察事实的基本原理、规律和新知识。基础研究的成果通常表现为提出一般原理、理论或规律，并以论文、著作、研究报告等形式为主。应用研究是为获取新知识，达到某一特定的实际目的或目标而开展的初始性研究。应用研究是为了确定基础研究成果的可能用途，或者确定实现特定和预定目标的新方法，其研究成果以论文、著作、研究报告、原理性模型或发明专利等形式为主。

（2）1.2 万名研究人员科技论文数（篇/万人）

该指标指 SCI 论文篇数与国家 R&D 研究人员之比。SCI（Scientific Citation Index）论文即科学引文索引所收录的 SCI 期刊上刊登的学术期刊论文。SCI 是美国科学信息研究所（ISI）编辑出版的引文索引类数据库，是国际上公认的值得借鉴的科技文献检索工具，通过对论文的被引频次等的统计，对学术期刊和科研成果进行多方位的评价研究，从而评价一个国家或地区、科研单位、个人的科研产出绩效，并反映其在国际上的学术水平。发表 SCI 论文的多少和论文被引率的高低，是国际上评价基础研究成果水平的通用标准。R&D 研究人员是指从事新知识、新产品、新工艺、新方法、新系统的构想或创造的专业人员及 R&D 项目（课题）主要负责人员和 R&D 机构的高级管理人员。

（3）1.3 国际合作论文数占本国论文比例（%）

该指标统计近 5 年内被科睿唯安（Clarivate）InCites 数据库相应学科收录的研究论文（article）类型的论文中有国外机构地址的论文比例，反映一个国家科学研究的国际合作网络情况，体现国家科学研究的水平和国际影响力。

（4）1.4 高被引论文数量占世界比重（%）

根据基本科学指标（Essential Science Indicators，ESI）数据库的界定，高被引论文指近十年间累计被引用次数进入各学科世界前 1%的论文。该指标反映一个国家学科前沿研究的水平，体现国家科学研究在世界科学界的引领能力。

（5）1.5 自然科学领域诺贝尔奖数量（项）

诺贝尔奖是指根据诺贝尔 1895 年的遗嘱而设立的五个奖项，包括物理学奖、化学奖、和平奖、生理学或医学奖和文学奖，旨在表彰在物理学、化学、和平、生理学或医学以及文学领域对人类做出最大贡献的人士；还包括瑞典中央银行于 1968 年设立的诺贝尔经济学奖，用于表彰在经济学领域做出杰出贡献的人。诺贝尔奖被普遍认为是在世界范围的所有颁奖领域内（物理学奖、化学奖、和平奖、生理学或医学奖、文学奖和经济学奖）能够取得的最高荣誉。其中，物理学奖、化学奖、和平奖、生理学或医学奖 4 项自然科学领域的奖项反映了一个国家自然科学研究成果在全球的影响力及其贡献。

（6）1.6 全球人才竞争力指数（0～100）

全球人才竞争力指数来自瑞士洛桑国际管理发展学院发布的年度《世界人才报告》结果，该报告从人才开发、人才吸引力以及人才供求契合度三个方面构建指标体系，系统地评价主要国家和经济体的人才发展水平。全球人才竞争力指数综合反映一个国家的人才竞争力。

（7）1.7 QS 世界大学综合排名 100 强数量（家）

QS 世界大学排名（QS World University Rankings）是由英国国际教育市场咨询公司夸夸雷利・西蒙兹（Quacquarelli Symonds，QS）发布的世界大学年度排名，是参与机构最多、世界影响范围最广的排名之一。QS 世界大学排名将学术声誉、雇主声誉、师生比例、研究引用率、国际化作为评分标准，因其问卷调查形式的公开透明而获评为世界上最受瞩目的大学排行榜之一，被世界知识产权组织、康奈尔大学、欧洲工商管理学院的《全球创新指数》评价指标采用，国内外高校综合评价等领域也广泛使用该排名。进入 QS 世界大学综合排名 100 强的数量反映了一个国家的科学研究实力和科研人才培养水平。

（8）1.8 留学生占高等教育学生的比例（%）

指一个国家高等教育机构接受国外留学生人数的比例，反映一个国家高等教育的发展水平和国际影响力。

（9）2.1 试验发展经费占 GDP 比重（%）

指国家研发经费支出中试验发展经费与 GDP 之比。试验发展是利用从科学研究、实际经验中获取的知识和研究过程中产生的其他知识，为开发新产品、新工艺或改进现有产品、现有工艺而进行的系统性研究，其研究成果以专利、专有技术，以及具有新颖性的产品原型、原始样机及装置等形式为主。

（10）2.2 高校和研究机构 R&D 经费中企业资金占比（%）

指高校和研究机构部门 R&D 经费的资金来源中来自企业部门资金的比例，反映一个国家技术研发过程中的产学研合作情况。

（11）2.3 STEM 领域毕业生人数占全部毕业生的比例（%）

指一个国家科学、技术、工程和数学学科本科以上毕业生占全部毕业生人数的比例，反映国家技术研发人才的培养和供给能力。

（12）2.4 每万人口发明专利拥有量（件/万人）

指每万人口本国居民拥有的经国家知识产权管理部门授权且在有效期内的发明专利件数，反映一个国家的技术储备情况，以及科技创新对经济社会发展的支撑作用。

（13）2.5 三方专利占世界比重（%）

三方专利指在欧洲专利局（EPO）、日本特许厅（JPO）和美国专利商标局（USPTO）都提出了申请的同一项发明专利。三方专利数量反映国家专利技术的质量和国际市场竞争力。

（14）2.6 工业设计数量（项）

指一国通过世界知识产权组织注册申请的工业设计数量，反映一国的技术创造活力。

（15）2.7 全球研发投入 2500 强企业数（家）

指一个国家进入欧盟发布的全球研发投入 2500 强的工业企业排行榜的企业数量，反映一个国家的企业技术研发能力。

（16）2.8 技术国际收入（美元）

技术国际收入是指通过向他国转让专利、非专利发明、商标等知识产权，提供 R&D 服务和其他技术服务而获得的收入，反映一个国家技术研发的国际收益和市场竞争力。

（17）2.9 网络就绪指数（1～7）

采用世界经济论坛发布的《全球竞争力报告》中的信息技术应用指数，反映一个国家在知识创造与传播扩散方面的信息化基础设施条件。

（18）3.1 高技术产业增加值占制造业比重（%）

高技术产业是指研发投入大、产品附加值高、国际市场前景良好的技术密集型产业，具有智力性、创新性、战略性和资源消耗少等特点。在统计上，高技术产业是指国民经济行业中研发经费投入强度相对高的制造业行业，包括医药制造业，航空、航天器及设备制造业，电子及通信设备制造业，计算机及办公设备制造业，医疗仪器设备及仪器仪表制造业等行业。高技术产业增加值占制造业的比重反映一个国家制造业的总体技术水平和产业结构。

（19）3.2 知识密集型服务业增加值占服务业的比重（%）

知识密集型服务业包括信息传输、软件和信息技术服务业，金融业，租赁和商务服务业，科学研究和技术服务业 4 个行业，反映经济产出中的知识含量和产业结构升级状况。

（20）3.3 企业创新百强数量（家）

指一个国家上榜全球创新水平百强的机构数量，反映国家领军型企业的创新能力。榜单来自全球专业信息服务提供商科睿唯安发布的《全球创新百强》（*Top 100 Global Innovators*）报告。该报告依据发明专利数量、质量、成果影响力、全球化保护等指标，遴选出年度全球创新百强机构。

（21）3.4 高技术产品出口占世界份额（%）

高技术产品包括计算机与通信技术、生命科学技术、电子技术、计算机集成制造技术、航空航天技术、光电技术、生物技术、材料技术及其他 9 类产品。高技术产品出口占世界份额反映国家高技术制造业的生产能力和国际竞争力。

（22）3.5 创业风险投资占 GDP 比重（%）

创业投资主要是指向初创企业提供资金支持并取得该公司股份的一种融资方式。风险投资是私人股权投资的一种形式。风险投资公司的资金大多用于投资新创事业或未上市企业，并不以经营被投资公司为目的，仅是提供资金及专业上的知识与经验，以协助被投资公司获取更大的利润为目的，所以是一项追求长期利润的高风险高报酬事业。风险投资的支持对于创新创业的繁荣发展至关重要。

（23）3.6 营商指数（0～100）

该指数采用世界银行发布的年度《营商环境报告》中的营商环境容易度得分（0=表现最差，100=表现最好）。

（24）3.7 人均 GDP（美元）

人均 GDP 是人们了解和把握一个国家或地区经济发展状况的有效指

标，反映国家产业创新发展综合成效。

（25）3.8 综合能耗产出率（美元/千克标准油）

指一定范围内能源消耗量与生产总值的比值，反映单位能源内的产出情况。该项指标反映科技创新支撑促进节能绿色发展的综合成效。

（26）3.9 人均预期寿命（岁）

人均预期寿命指新出生婴儿预期可存活的平均年数。该指标综合体现医疗卫生、人民健康、生活质量和社会发展状况，是联合国人类发展指数（HDI）的三个合成指标之一，反映科技创新促进社会发展的综合成效。

四、中国建设世界科技强国进展

（一）世界科技强国范围界定

建设世界科技强国是党中央从全球视野和战略全局高度作出的重大决策。因此，我国世界科技强国建设的研究必然要从全球对比的视角来分析定位。目前，国际上公认的世界科技强国往往是具有较大创新规模、具备很强创新实力的大国，这些国家是评价中国建设世界科技强国进程的主要对标国家。我们根据世界科技强国的内涵和特征，从竞争力、经济体量和人口规模三个维度来综合选取进入世界科技强国评价范围的国家。首先，在竞争力方面，参考国际权威的创新和竞争力评价报告，根据世界知识产权组织、康奈尔大学、欧洲工商管理学院的《全球创新指数》和世界经济论坛的《全球竞争力报告》的最新评价结果，排名前 30 位的国家中有 25 个国家同时上榜，可以认为这 25 个国家是国际比较认可的具有较强竞争力的国家。其次，在国家经济体量和人口规模方面，考虑到中国的国情特点，为最大限度地保证国家间的可比性，选取 25 个国家中人口在 2000 万以上、GDP 在 1 万亿美元以上的大国。由此遴选出 11 个国家，包括美国、日本、德国、法国、英国、意大利、韩国、西班牙、加拿大、澳大利亚和中国。这 11 个国家的人口总量占全球人口总量的 30%，GDP 总量占全球 GDP 总量的 2/3，R&D 经费总量占全球 R&D 经费总量的 85%以上，各国研发投入强度（R&D/GDP）均处于较高水平（表 2-7）。

表 2-7 中国建设世界科技强国对标国家概况（2019 年）

国家	GDP/亿美元	人口/万人	人均 GDP/美元	R&D 经费/亿美元	R&D 占 GDP 的比例/%
中国	143 437.3	140 005	10 245.2	3 205.5	2.24
美国	214 332.3	32 853	65 239.8	6 574.6	3.07
日本	50 824.5	12 614	40 292.1	1 647.1	3.24
德国	38 623.2	8 309	46 483.5	1 226.7	3.18
法国	27 163.6	6 746	40 266.2	595.3	2.19
英国	28 324.2	6 680	42 401.5	497.4	1.76
意大利	20 042.0	6 034	33 215.0	290.1	1.45
韩国	16 467.4	5 171	31 845.6	764.1	4.64
西班牙	13 939.2	4 710	29 594.9	174.4	1.25
加拿大	17 413.1	3 759	46 323.6	267.8	1.54
澳大利亚	13 797.3	2 537	54 384.5	229.8	1.79

资料来源：World Bank（2022）

（二）中国世界科技强国建设进展综合评价

基于世界科技强国指标体系，采用标杆法和层次分析法，对 11 个国家 2010 年以来的科技创新能力进行测算。评价结果显示，2019 年，中国在 11 个国家中排名第 6 位，与 2010 年相比提升了 5 位，反映出我国创新型国家建设取得决定性进展，朝着世界科技强国目标稳步迈进。

从一级指标来看，中国的技术引领能力排名第 3 位，比 2010 年提升了 2 位；创新驱动能力排名第 5 位，提升了 3 位；科学发现能力排名靠后，一直排名第 11 位。在具体指标表现方面，中国的科学发现能力的高被引论文产出表现突出，高被引论文数量已位居世界第2位，仅次于美国，但在产出效率和重大原创性成果等方面积累不足；在技术引领能力方面，我国的技术储备和工业设计能力也达到领先位置，但在技术的合作研发体系以及国际市场竞争力等方面还有较大差距；在创新驱动能力方面，我国的科技成果产业化体系和生产能力引领世界，但在产业科技的自立自强，以及驱动经济社会和生态文明发展等方面远远落后（表2-8）。

表2-8　世界科技强国评价指标体系各国排名结果（2019年）

	科学发现能力	技术引领能力	创新驱动能力	综合指数
美国	1	2	1	1
日本	9	1	7	2
德国	10	4	2	3
英国	3	7	4	4
法国	2	6	3	5
中国	11	3	5	6
韩国	4	5	8	7
澳大利亚	8	11	6	8
加拿大	6	9	9	9
意大利	5	10	11	10
西班牙	7	8	10	11

可以看到，我国科技创新发生了整体性、格局性的深刻变化，科学研究的条件和能力大幅提高，技术引领能力跻身世界前列，产业创新的国际竞争力显著提升，逐步从创新强、技术强走向科学强的道路，成为世界创新版图中的重要一极。

第三章　我国科技强国建设的进程及差距

经过长期奋斗和努力，我国的科技实力和创新能力大幅提升，实现了历史性、整体性、格局性变化，技术引领能力跻身世界前列，创新驱动能力显著提升，成为世界创新版图中的重要一极，正在朝科技强国的建设目标不断迈进。但是，我们必须清楚地认识到，我国在科学发现方面还存在明显的学科领域短板，在产业创新方面也面临发展不平衡、不充分问题，与主要世界科技强国相比还有很大差距，建设世界科技强国任重道远。

一、中国已进入创新型国家行列

综合国际主要创新能力评价报告的评价结果可知，我国科技创新能力实现了跨越式提升，迈上了新的大台阶，在世界创新版图中的地位愈加突出。根据世界知识产权组织、康奈尔大学、欧洲工商管理学院发布的《全球创新指数》，在世界 130 个左右的经济体中，中国的综合创新能力排名从 2012 年的第 34 位跃升到 2022 年的第 11 位，是前 30 位中唯一的中等收入经济体，知识产权产出规模引领世界，创新集群效应和品牌优势更加凸显。根据中国科学技术发展战略研究院发布的《国家创新指数报告》，在 40 个科技创新活跃国家中，中国的创新能力排名从 2012 年的第 20 位提升到 2021 年的第 13 位。整体上来看，我国已进入创新型国家行列，为世界科技强国建设奠定了坚实基础，积累了一定优势。

（一）科技创新资源规模庞大

我国科技创新的财力资源规模巨大且增长迅猛，为我国科技创新活动的持续开展奠定了物质基础。近年来，我国的 R&D 经费投入保持高速增长态势，从 2012 年的 10 298.4 亿元增长到 2021 年的 27 956.3 亿元（按年度平均汇率计算约 4335.0 亿美元），年均增长速度达到 11.7%，规模稳居世界第二。从 2020 年的数据看，我国的 R&D 经费投入已大约是美国的一半，是日本的两倍，远高于其他国家（图 3-1）。R&D 经费投入强度快速提升，从 2012 年的 1.91%提高到 2021 年的 2.44%，尽管与美国、日本、韩国、德国等部分发达国家的水平存在一定差距，但已经高于法国、英国的水平，并超过欧盟 27 国的平均水平（2020 年为 2.19%），接近经济合作与发展组织成员国的平均水平（2020 年为 2.67%）。支撑创新创业的风险投资额也呈现快速增长态势，从 2012 年的 14.2 亿美元增长到 2020 年的 602.0 亿美元，约占世界的 1/5，规模已经超过欧洲总体（411.7 亿美元），大约是美国（1291.8 亿美元）的一半（图 3-2）。

我国创新型科技人才队伍不断壮大，人力资源总量优势凸显，人才红利将为科技创新发展提供根本保障。我国拥有最为庞大的 R&D 人员队伍，自 2010 年以来，R&D 人员规模一直保持在世界首位，2020 年达到 228.1 万人年，大约是美国的 1.4 倍，是日本的 3.3 倍，是德国和韩国的 5 倍多，是英国和法国的 7 倍多（图 3-3）。同时，我国拥有丰富的后备人力资源，科学、技术、工程和数学领域的博士毕业生人数从 2012 年的 3.2 万人增加到 2020 年的 4.3 万人，本科毕业生人数从 2012 年的 150.1 万人增加到 2020 年的 197.6 万人。其中，2018 年我国科学、技术、工程和数学领域的博士毕业生数（4.0 万人）已接近美国（4.1 万人），远超其他国家，这为科研活动的开展提供了充足的人力资源。

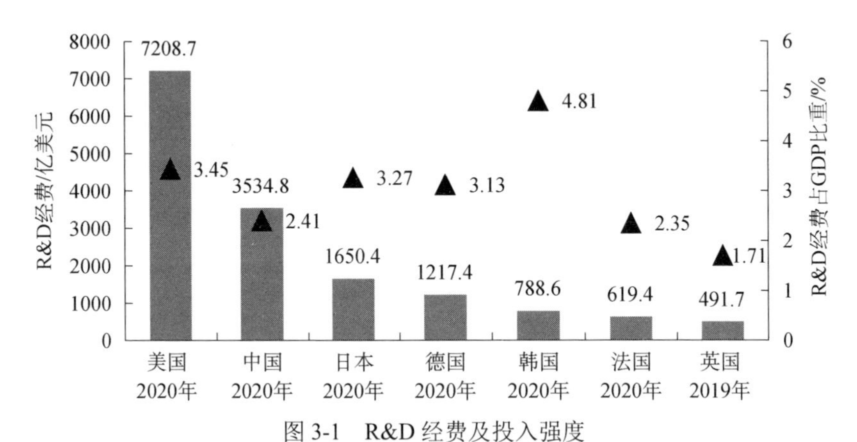

图 3-1 R&D 经费及投入强度

数据来源：根据经济合作与发展组织数据库（http://stats.oecd.org/），以及 2022 年 9 月经济合作与发展组织发布的《主要科学技术指标》（*Main Science and Technology Indicators*）整理

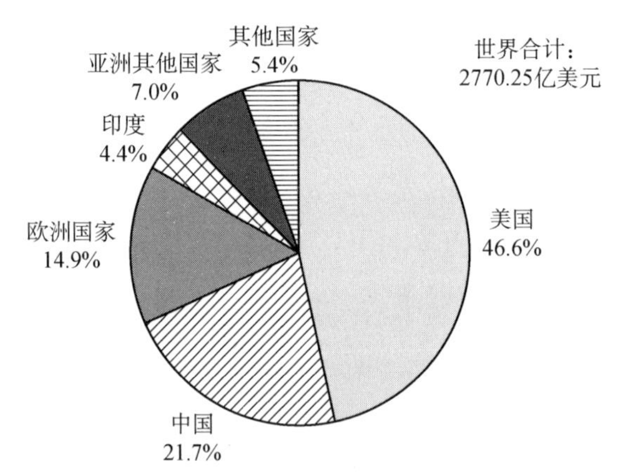

图 3-2 部分国家风险投资额占世界风险投资额的比重（2020 年）

数据来源：NSF（2022）

（二）科技创新产出竞相涌现

我国科学论文量质齐升，已经成为世界学术共同体的重要组成部分和科学知识的重要贡献者。2012～2019 年，我国的 SCI 论文数量从 19.3 万

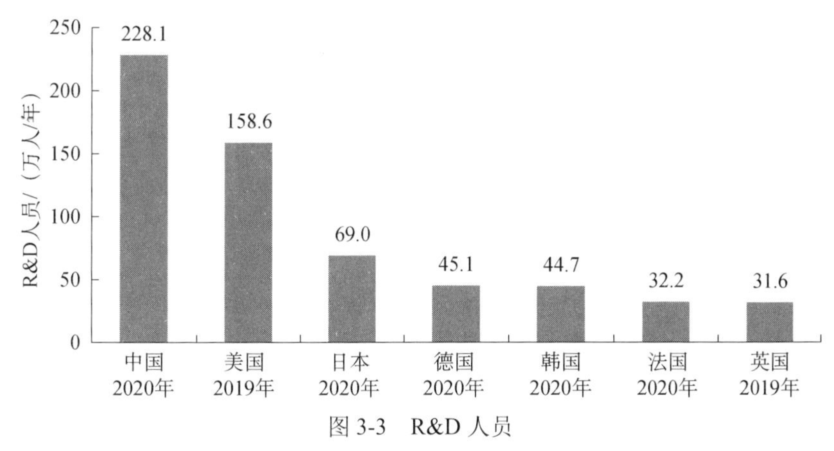

图 3-3　R&D 人员

数据来源：经济合作与发展组织 2022 年 9 月发布的 *Main Science and Technology Indicators*

篇快速增长到 49.6 万篇，年均增速达 14.5%，已经接近美国的 SCI 论文数量（58.6 万篇），是英国和德国的 3 倍左右，是日本的 4.7 倍，是意大利和法国的 5 倍左右（图 3-4）。2021 年我国 SCI 论文数量继续增长到 55.3 万篇，占世界 SCI 论文数量的 25.1%。在 2010～2020 年发表的论文中，我国的高被引论文[①]数量达到 3.7 万篇，虽然与美国的水平（7.5 万篇）还存在很大差距，但已超过英国（3.0 万篇），明显多于其他国家，接近德国的 2 倍，是加拿大、澳大利亚、法国的 3 倍（图 3-5）。

我国技术产出能力大幅提高，知识产权规模跃居世界前列。2012～2020 年，我国本国人的发明专利授权量从 14.4 万件增长到 44.1 万件，自 2015 年以来稳居世界第一，2020 年已经是美国和日本的 3 倍左右，是韩国的 4 倍多，是德国的 10 多倍，是法国的 20 多倍（图 3-6）。发明专利的国际化程度不断提高，海外布局不断加强，我国 PCT 专利申请量从 2012 年的 1.9 万件增长到 2021 年的 7.0 万件，先后于 2013 年、2017 年和 2019 年超过德国、日本和美国，2021 年比美国、日本多 1 万～2 万件，超过欧洲的合计数量（6.1 万件）（图 3-7）。其他知识产权也位居世界前列，2020

① 高被引论文指各学科论文被引次数处于世界前 1%的论文。

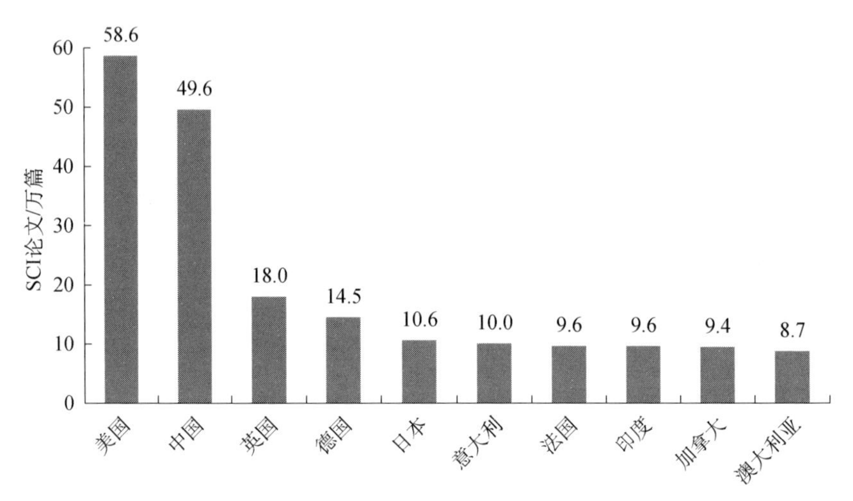

图 3-4 发表 SCI 论文最多的前 10 位国家（2019 年发表论文）

数据来源：中国科学技术信息研究所（2021）

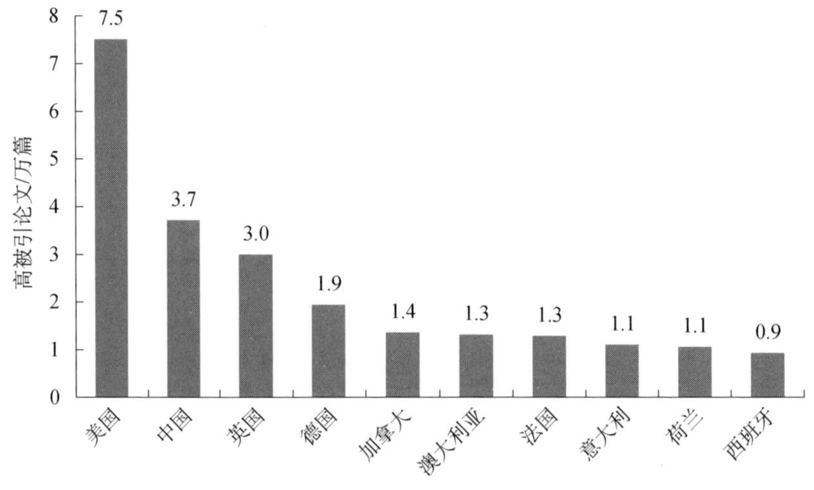

图 3-5 高被引论文最多的 10 个国家（2010～2020 年发表论文）

数据来源：中国科学技术信息研究所（2021）

年本国人的工业设计注册量达 71.2 万件，远超韩国（4.5 万件）以及英国、日本、美国（均少于 2 万件）等其他国家。

我国加快融入全球创新链，高技术产品产能引领世界。高技术产品出口额长期保持世界首位，占世界的 25%左右，2021 年达到 9423.1 亿美

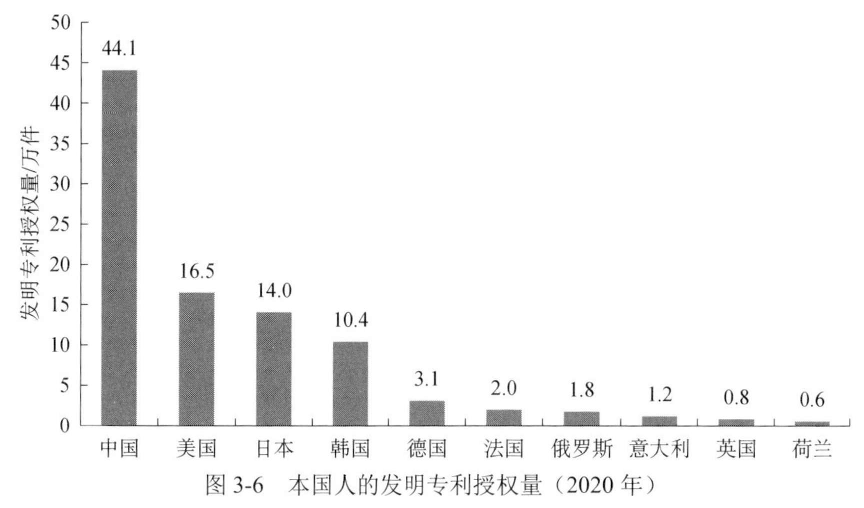

图 3-6　本国人的发明专利授权量（2020 年）

数据来源：根据世界知识产权组织（WIPO）数据库（https://www3.wipo.int/ipstats/）整理

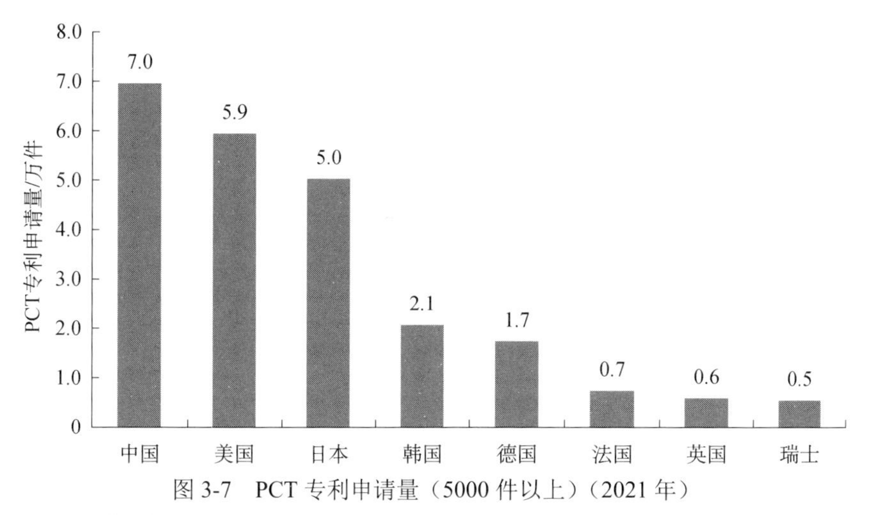

图 3-7　PCT 专利申请量（5000 件以上）（2021 年）

数据来源：根据世界知识产权组织数据库（https://www3.wipo.int/ipstats/）整理

元，超过美国、英国、德国、法国、日本的总和，接近经济合作与发展组织成员国总和的 80%，是欧盟成员国总和的 1.3 倍；高技术产品出口额占制造业出口的比重长期保持在 30%左右，2020 年为 31.3%，略低于韩国（35.7%），但与法国（23.1%）、英国（23.0%）、美国（19.5%）、日本（18.6%）、德国（15.5%）等发达国家相比，保持在较高水平（图 3-8）。

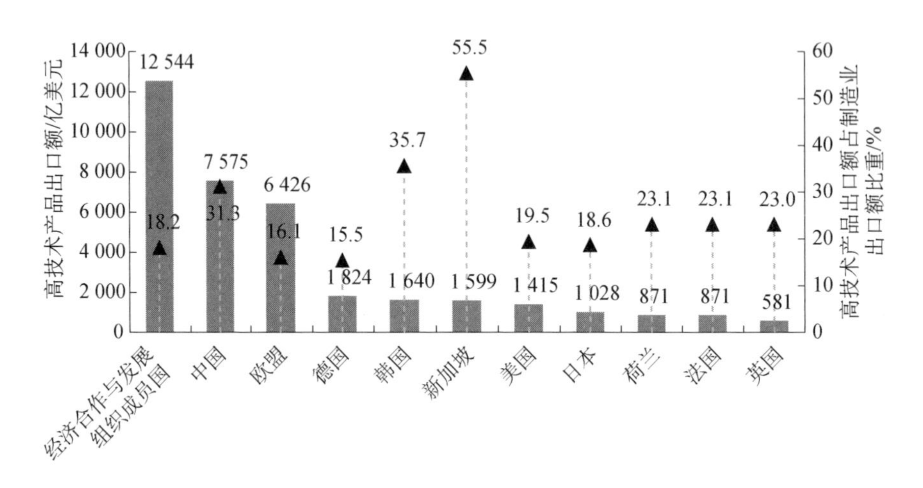

图 3-8 高技术产品出口额及占制造业出口比重（2020 年）

注：由于高技术产品出口额占制造业出口额比重仅有 2020 年数据，故图中高技术产品出口额也采用同年数据。2021 年高技术产品出口额数据如下：经济合作与发展组织成员国为 12 221.4 亿美元，中国为 9423.1 亿美元，欧盟为 7007.2 亿美元，德国为 2097.4 亿美元，美国为 1692.2 亿美元，日本为 1165.1 亿美元，荷兰为 1011.7 亿美元，法国为 975.3 亿美元，英国为 667.0 亿美元，韩国、新加坡暂无 2021 年数据。

数据来源：根据世界银行数据库（https://data.worldbank.org.cn/）整理

我国信息与通讯技术（ICT）服务出口额也位居世界前列，2021 年为 507 亿美元，仅次于爱尔兰、印度和美国，但已经超过英国（422 亿美元）、德国（410 亿美元）、法国（223 亿美元）等发达国家（图 3-9）。

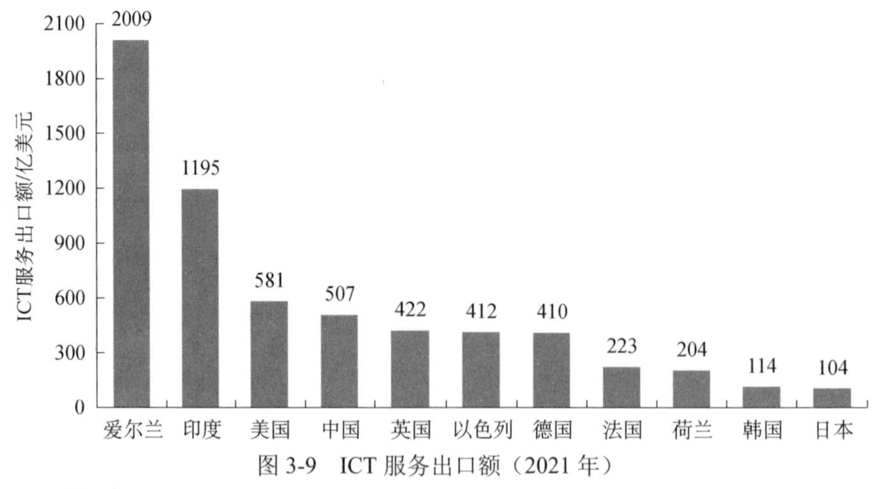

图 3-9 ICT 服务出口额（2021 年）

数据来源：根据世界银行数据库（https://data.worldbank.org.cn/）整理

二、与世界科技强国的差距与不足

受经济发展水平、经济发展阶段、科技创新历史积累等因素的影响，中国与美国、日本、德国、英国、法国这五个科技强国还存在一定差距。根据第二章世界科技强国评价测算结果，从评价体系的三个维度看，在科学发现能力方面，美国位列第一，法国和英国紧随其后，中国排名靠后，位居第 11 位。在技术引领能力方面，日本和美国位列前两位，德国、韩国、法国、英国位居第 4～7 位，中国排名第 3 位。在产业创新能力方面，美国、德国、法国、英国位居前 4 位，中国排名第 5 位。本部分将在该评价体系 26 个指标的基础上，进一步考察部分不适合纳入测算综合指数、体现具体学科领域等特征的结构指标，从而分析我国与世界科技强国的差距与不足。总体而言，我国在科学发现、技术引领和创新驱动方面的规模优势已初步显现，一些领域比肩部分世界科技强国，但在创新结构、顶尖成果、国际影响力和竞争力等方面还存在很大差距。

（一）科学领域：学科短板明显，缺少重大顶尖成果和原创性成果

世界科技强国首先要科学强，成为科学知识的策源地。美国仍是公认的世界科学中心，拥有国际顶尖的研究机构、高等院校和一流科学家，是科学研究前沿的开拓者和重大科学成果的产出地。英国、法国和德国科学传统悠久，均曾一度成为世界科学中心，时至今日仍处于世界学术共同体中的核心位置。日本作为后起之秀，在 21 世纪前 20 年里实现了诺贝尔奖“井喷”，跻身科技强国行列。当前，中国的科学实力已经积累到一个新的高度，但与上述这些国家相比，仍存在明显的学科短板，缺少重大顶尖成果和原创性成果。

1. 科学研究投入强度远远不够

科学知识的持续产出和科学发现能力的持续提升需要大规模、持续性、全方位的资金投入，特别是在“大科学”时代，科学研究越来越依赖高强度的研发投入。与世界主要科技强国相比，我国正处于科学研究能力的积累和追赶过程中，虽然科学研究（包括基础研究和应用研究）经费规模庞大，但结构有待优化、强度有待提升。从研发经费结构看，我国R&D经费中的科学研究经费占比较低，2021年合计为17.8%，而美国、日本均在30%以上，英国、法国常年保持在60%以上，即使分别从基础研究与应用研究单独来看，中国也均远远低于世界主要科技强国（图3-10）。从科学研究投入强度看，2021年中国R&D经费占GDP的比重为0.43%，美国、英国、法国、日本的这一比例均在1%以上（2020年），法国的这一比例高达1.40%（2019年）。

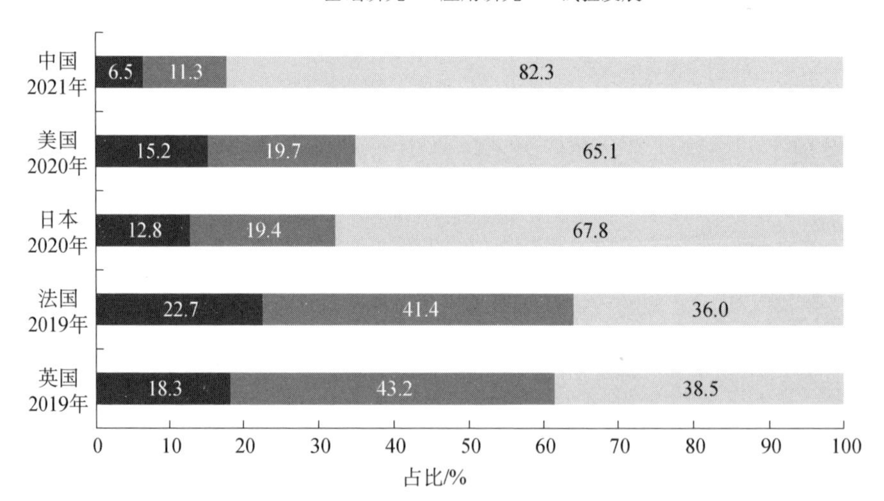

图3-10 R&D经费结构（按R&D类型分）

注：德国的R&D经费结构数据缺失。

数据来源：根据经济合作与发展组织数据库（https://stats.oecd.org/），以及国家统计局（2022）整理

2. 知识产出效率、影响力和学科均衡性有待加强

论文是科学研究的重要成果形式。中国科技论文（SCI 论文）规模仅次于美国，但考虑到研究人员规模，论文产出效率相对较低，2019 年每万人年科技论文数为 2350.7 篇，除日本不足 2000 篇外，美国、德国、法国均在 3000 篇以上，英国超过 5000 篇（图 3-11）。从影响力来看，中国高被引论文数位居世界第二（中国科学技术信息研究所，2021），所拥有的高被引科学家（根据论文影响力而筛选出的各学科顶尖研究者）同样位居第二位，2021 年有 935 人，已经超过英国、法国、日本、德国，但与美国相比差距较大，大约是美国的 1/3。具体到 22 个学科领域，与世界主要科技强国相比，我国存在明显的不均衡性，在农学、化学、工程学等 6 个传统学科领域具有绝对优势，但在生物和生物化学、临床医学、免疫学、空间科学等 9 个学科领域存在明显短板。比如在空间科学领域，中国无一人入选，而美国有 52 人，德国和英国分别有 16 人和 13 人；在临床医学领域，中国有 3 人，美国高达 214 人，英国、德国超过 30 人，法国为 26 人（Clarivate，2021）。大学排名也在一定程度上反映了研究影响力，2023 年 QS 世界大学综合排名前 100 强中，中国（不含港澳台地区）有 6 所大

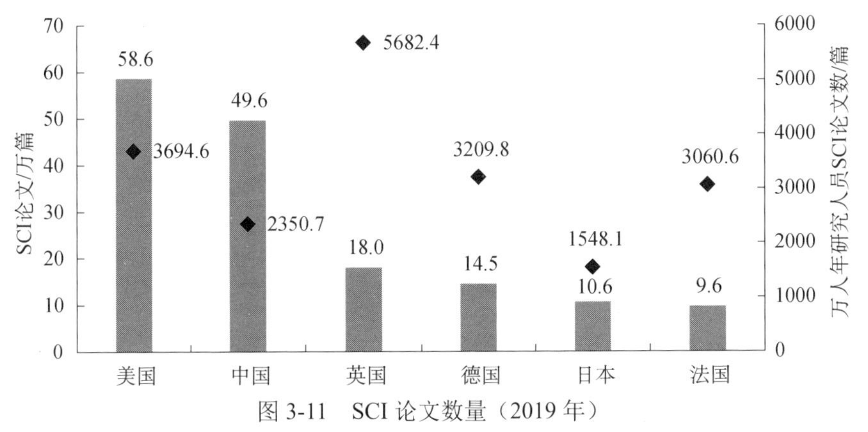

图 3-11　SCI 论文数量（2019 年）

数据来源：根据经济合作与发展组织（2022）和中国科学技术信息研究所（2021）整理

学入围，已经超过德国（3 所）、法国（4 所）、日本（5 所），但与美国、英国还有较大差距（美国有 27 所大学入选，英国有 17 所大学入选）（QS，2022）。

3. 重大顶尖原创性成果严重不足

重大原创性科学成果的持续涌现是科学强的重要表现，也是引领未来科学研究乃至产业发展的先导条件。科技领域的国际大奖直接反映了科学界对科学研究成果开创性、重要性和影响力的认可。从自然科学领域的诺贝尔奖颁发情况来看，美国的获奖人次遥遥领先，英国、德国、法国紧随其后，日本在 21 世纪大放异彩，但中国（不含港澳台地区）只有 1 名获奖者。即使是科技领域的其他重要国际大奖，中国也与其他国家相距甚远。根据张志强等（2018）的统计，在 23 项科技领域国际大奖中，截至 2018 年 9 月，中国仅有 14 人获奖。与此相比，美国的获奖人数达到 1144 人，是中国的 80 倍多；英国有 277 人，是中国的近 20 倍；法国有 88 人，是中国的 6 倍；德国有 67 人，是中国的近 5 倍；日本有 59 人，是中国的 4 倍多（图 3-12）。从《科学》（*Science*）每年评选的年度十大科学突破来看，2010 年以来，美国科学家几乎参与了所有重大科学发现，每年达 8 项左右，而中国科学家参与的一般只有 1 项左右[①]。

4. 学术开放性和吸引力不足

科学的进步需要人才作为根本支撑，而这离不开开放的学术生态、浓厚的研究氛围、频繁的学术交流以及活跃的思想交锋，这也是世界主要科技强国的重要特征。从国际合作情况看，2017～2021 年，我国国际合作论文数[②]占本国论文数的比重为 25.9%，不仅低于合作水平普遍较高的德

① 根据《科学》每年发布的年度十大科学突破整理。

② 此处的论文指 Web of Science 收录的论文，包括综述（review）和 article 两种类型。

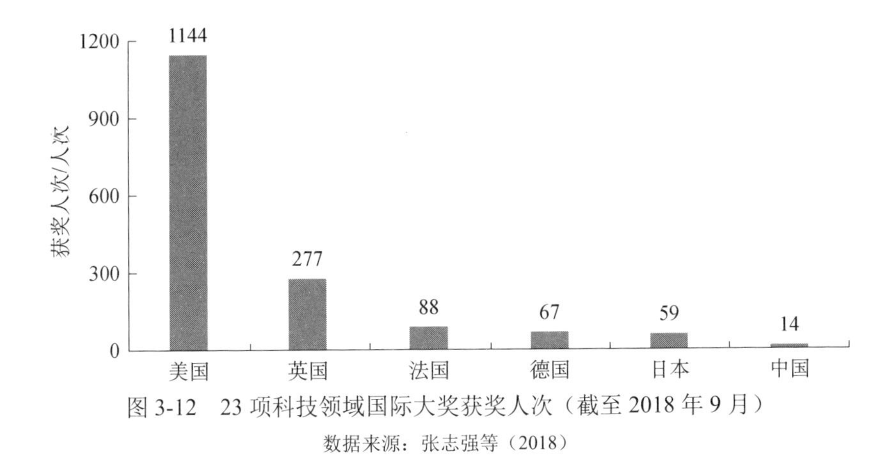

图 3-12 23 项科技领域国际大奖获奖人次（截至 2018 年 9 月）

数据来源：张志强等（2018）

国、法国、英国（60%左右），而且低于美国（41.4%）、日本（35.6%）（图 3-13）。对人才的吸引力是一个国家人才竞争力的重要组成部分。根据全球人才竞争力指数，中国对人才的吸引力得分为 48.82 分，与美国、英国相差 25 分左右，与德国相差近 20 分，与法国、日本相差 10 分左右。以留学生占高等教育学生的比重来衡量，2020 年中国为 0.45%，与世界科技强国差别较大，英国超过 20%，德国、法国在 10%左右，美国和日本均超过 5%[①]。

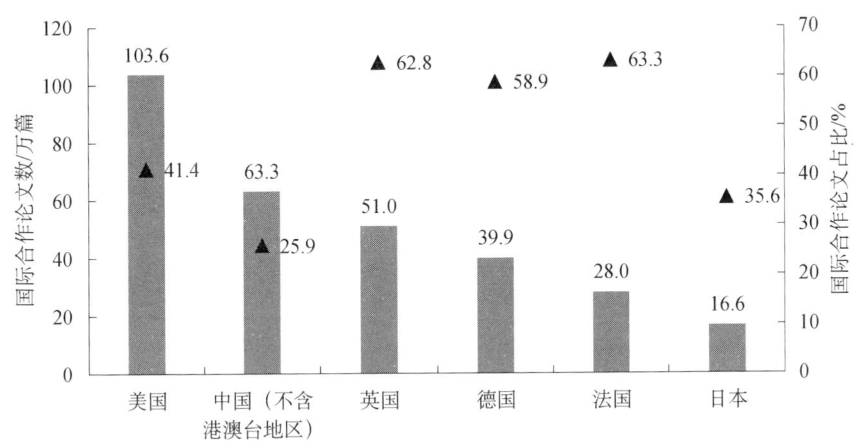

图 3-13 国际合作论文数量及占比（2017～2021 年发表论文）

数据来源：根据科睿唯安数据库整理

① 数据来源于联合国教科文组织（UNESCO）数据库（http://data.uis.unesco.org/）。

（二）技术领域：开始比肩部分强国，与美国、日本之间的差距较大

世界科技强国是关键和前沿技术的领先者，掌握着大量具有一定排他性的关键核心技术，形成了国家强大、持久、牢固的核心竞争力。同时，通过持续突破前沿技术、布局技术路线、推动颠覆性技术产生发展，世界科技强国也长期掌握着国际竞争的主导权和话语权，先行构筑起坚实的技术壁垒。当前，我国技术正处于快速追赶过程中，实现了跨越式发展，专利技术规模比肩或超过英国、法国、德国。但总体来看，专利海外布局与美国、日本相距甚远，一些重点技术较美国、日本及欧洲国家仍显落后，领先企业的竞争力仍有待提高。

1. 知识产权产出效率有待提高

以发明专利为代表的知识产权是抢占技术制高点、获取市场垄断地位的重要手段，是构建、巩固、保持和提高一个国家核心竞争力的必备要素。我国拥有可观的知识产权数量，2020 年发明专利拥有量达到 227.9 万件，比日本、美国多 60 多万件，是法国的 13 倍多和英国的近 45 倍。但将人口因素纳入考虑之后，我国发明专利的产出效率就相对较低，每万人口发明专利拥有量为 16.2 件，虽高于英国的 7.6 件，但较其他科技强国偏低，其中，日本高达 132.6 件，美国为 49.1 件，法国为 25.1 件（图 3-14）。

2. 专利海外布局与美国、日本差距较大

通过专利海外布局，一个国家可以率先进入国际技术竞争赛道，逐渐积累技术优势，防范海外知识产权风险，一定程度上决定了国家在技术领域的领导地位。目前，我国专利技术规模可以比肩部分科技强国，大致处于 5 个主要世界科技强国的中游位置。根据世界产权组织数据库，在 PCT

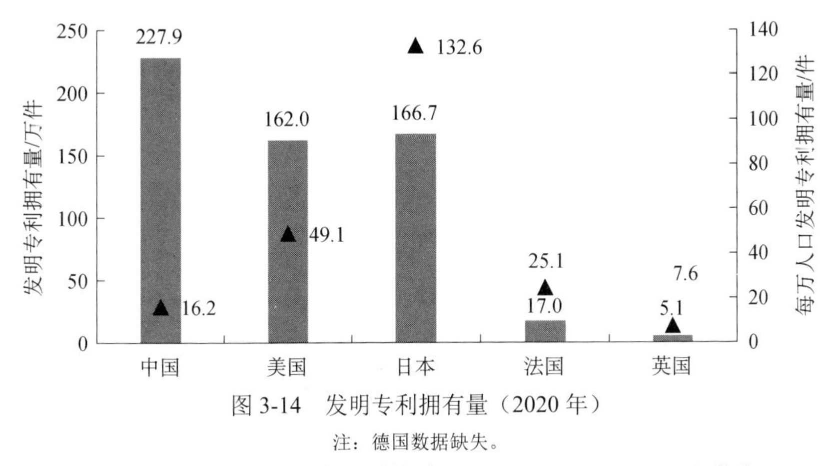

图 3-14　发明专利拥有量（2020 年）

注：德国数据缺失。

数据来源：根据世界知识产权组织数据库（https://www3.wipo.int/ipstats/）整理

体系中，2020 年，我国进入国家阶段并获得授权的 PCT 专利有 5623 件，超过英国（3097 件），与法国（5355 件）相当，但大约是美国和德国的 1/2，以及日本的 1/4。从三方专利看，2020 年，中国达到 5897 件，已经超过德国 1500 多件，是法国和英国的 3 倍多；但与美国和日本相比，还有较大差距，日本和美国的三方专利数量分别为 17 469 件和 13 040 件，分别是中国的 3 倍和 2 倍左右（图 3-15）。

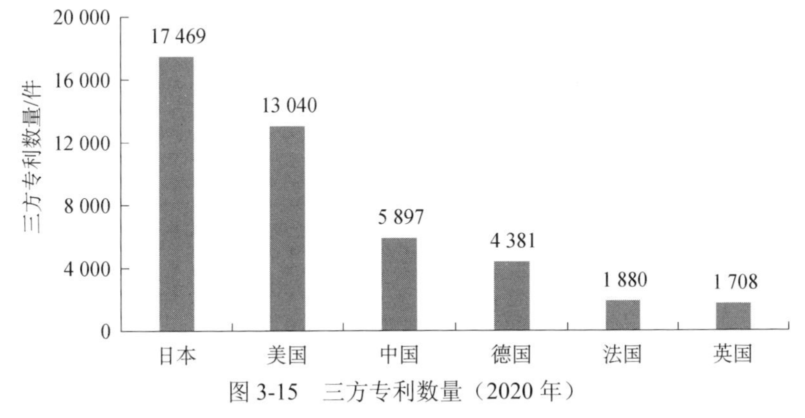

图 3-15　三方专利数量（2020 年）

数据来源：经济合作与发展组织 2022 年 9 月发布的 *Main Science and Technology Indicators*

3. 重点技术仍处于追赶过程中

世界科技强国均在一些关键技术领域处于领先地位，掌握着大量关键核心技术，形成技术壁垒和市场垄断地位，从而掌握了在国际竞争中的技术主导权。根据韩国 2020 年对 120 项重点技术开展评估的结果，在最优、领先、追赶、后发、落后 5 个等级中，美国 80%以上的技术为最优水平，近 15%的技术居领先地位；欧盟分别有近 1/4 和 1/3 的技术为最优和领先水平；日本有 1/3 以上的技术为最优或领先水平，60%的技术处于追赶中；相较而言，中国只有 3 项技术为最优或领先水平，80%以上的技术处于追赶状态，近 17%的技术处于后发状态（表 3-1）。

表 3-1 120 项重点技术评估（韩国 2020 年） （单位：项）

	中国	美国	欧盟	日本	韩国
最优	1	97	28	8	0
领先	2	17	78	38	4
追赶	97	6	14	71	103
后发	20	0	0	3	13
落后	0	0	0	0	0
综合	追赶	最优	领先	追赶	追赶

数据来源：韩国科技评估与规划研究院（2021）

4. 以技术立足的领先企业竞争力仍然不强

企业是参与国际市场竞争的主体，研发和技术是企业的立足之本，特别是突破性、颠覆性技术的发展奠定了未来竞争优势的基础。目前，中国在部分指标上已经开始赶上部分世界科技强国，但与其他科技强国仍存在明显差距，进一步地，在头部和领先企业上还有很大进步空间。从全球研发投入 2500 强企业数量看，2021 年，中国（不含港澳台地区）有 597 家企业入围，已经远超日本、德国、法国、英国，仅次于美国（779 家），但在跻身前 50 强的企业中，中国（不含港澳台地区）只有 4 家，明显少于美国（19 家）、日本（8 家）、德国（9 家）（European Commission，2021）。在基于专利情况遴选出的全球百强创新机构中，2022 年，中国（不含港澳台地区）有 5 家机构入围，超过英国，但与法国（8 家）、德国（9 家）还有一定距离，与美国（18 家）、日本（35 家）相距甚远（图 3-16）。根据《麻省理工科技评论》每年评选出的全球十大突破性技术，在 2016～2021 年共 60 项重大技术中，美国机构或企业作为主要参与者的技术有 50 多项；中国与英国相当，在 10 项左右；德国 6 项；日本和法国较少[①]。

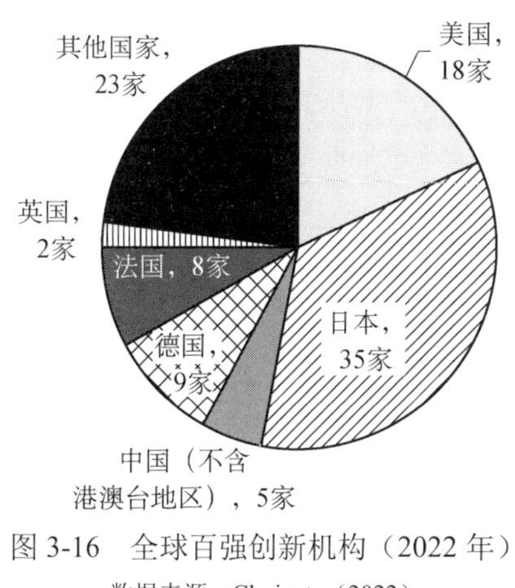

图 3-16　全球百强创新机构（2022 年）

数据来源：Clarivate（2022）

（三）创新领域：产业创新竞争力不足，社会效益未充分显现

世界科技强国的特征最终要体现在创新强带来的产业强、经济强上，真正实现创新驱动产业升级，实现国家在产业链、创新链和价值链上的攀升，实现充分的经济效益和社会效益。目前，我国创新创业日渐活跃，在全球产业链中占据举足轻重的地位。但整体来看，与主要世界科技强国相比，我国在创新链中的位置仍然靠后，研发密集型产业和知识产权在国际市场中的竞争力有待提高，科技创新的社会效益仍不充分。

① 根据《麻省理工科技评论》（*MIT Technology Review*）每年发布的全球十大突破性技术整理。

1. 产业链、创新链和价值链正处于从低端向中高端攀升的过程中

以研发活动最活跃、知识技术最密集的高研发密集型产业①为例，我国增加值规模庞大，2019 年达到 2.27 万亿美元，接近美国的 2.34 万亿美元，超过欧洲总体水平（2.18 万亿美元），是日本的 3 倍多。其中，中国高技术产业增加值达 1.98 万亿美元，超过美国 6000 多亿美元；知识密集型服务业增加值达 2855 亿美元，虽不及美国的 1/3，但已经分别是日本、德国、法国、英国的 2 倍左右（NSF，2022）。但是，无论是产业结构、产品竞争力还是在创新链中的位置，我国都与世界主要科技强国存在一定差距。

在产业结构方面，2019 年，我国高技术产业增加值占制造业的比重为 51.8%，已经超过法国（36.2%）和英国（44.2%），但与美国、日本、德国相比还有一定差距，这三个国家的这一比例均在 55%以上（图 3-17）。我国知识密集型服务业增加值占服务业的比重为 3.7%，与法国、美国、英国、德国、日本 5 个世界科技强国的差距较大，其中，日本超过 4%，德国约为 6%，美国、英国、法国均在 6%以上（图 3-18）。

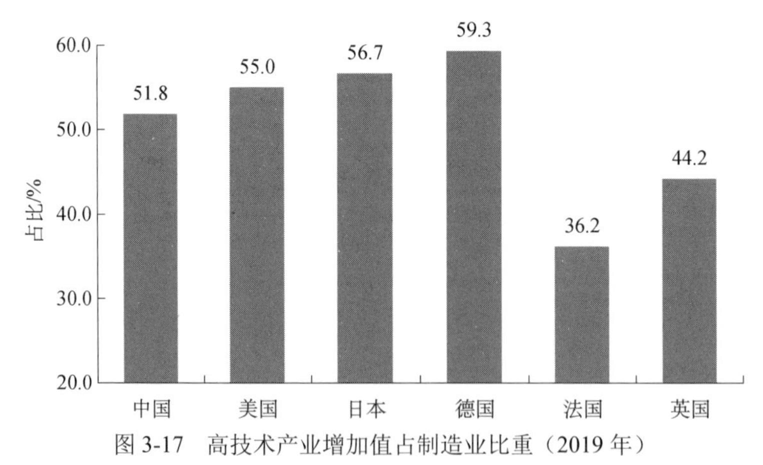

图 3-17 高技术产业增加值占制造业比重（2019 年）

资料来源：NSF（2002）、经济合作与发展组织 2022 年 9 月发布的 *Main Science and Technology Indicators*、世界银行数据库

① 高研发密集型产业包括航空航天、制药、科学研发、软件发行以及计算机、电子和光学产品 5 个产业。

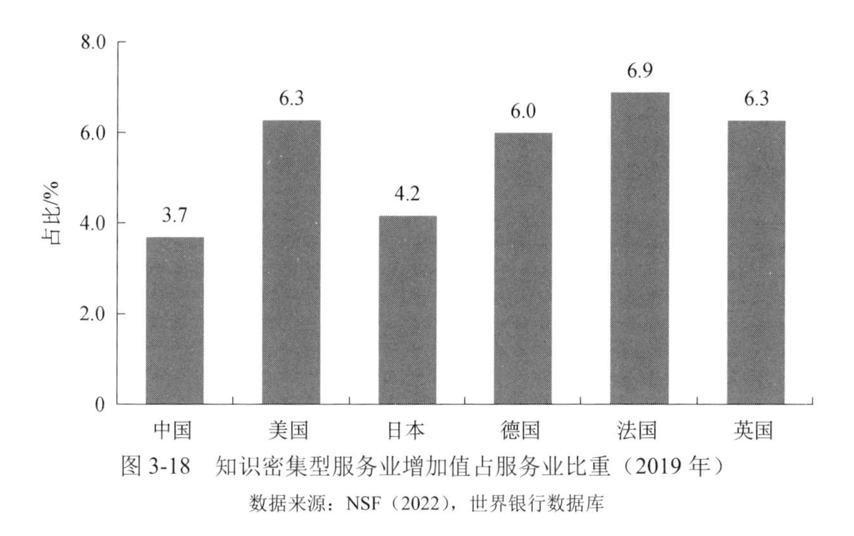

图 3-18　知识密集型服务业增加值占服务业比重（2019 年）

数据来源：NSF（2022），世界银行数据库

在竞争力方面，2020 年，我国制药业和航空航天业占全球出口份额的比重分别为 3.1%和 1.6%，虽高于日本，但与其他科技强国的差距比较明显。其中，在制药业领域，美国和德国的出口份额分别为 7.9%和 14.0%；在航空航天业领域，美国接近 30%，法国、德国、英国超过 10%。不过，在计算机、电子和光学产业中，中国的出口份额远超上述 5 个国家（图 3-19）。

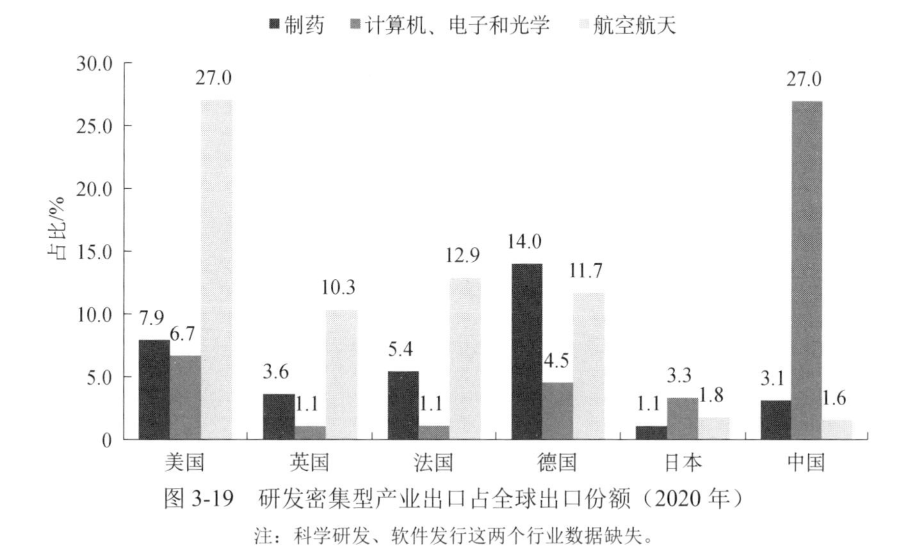

图 3-19　研发密集型产业出口占全球出口份额（2020 年）

注：科学研发、软件发行这两个行业数据缺失。

数据来源：根据经济与合作发展组织 2022 年 9 月发布的 *Main Science and Technology Indicators* 整理

在创新链方面，中国高研发密集型产业的研发投入强度仍然不高。2018年，中国制药业的企业研发投入强度为5.4%，远低于美国（41.0%）、日本（32.8%）、德国（16.2%）；计算机、电子和光学产业的企业研发投入强度为10.4%，而日本、法国超过30%，美国、德国超过20%，英国为14.5%。这在一定程度上反映了我国在知识高度密集、需要大量研发投入的产业中处于全球创新链的后端。

2. 产业创新带来的经济效益还远远不足

一国产业通过创新来获取收益并赢得市场竞争力，依赖于高质量、高价值、高潜力的知识产权。我国知识产权使用费收入及其占服务业出口的比重与主要科技强国存在巨大差距。从规模来看，2021年，我国知识产权使用费收入为119.5亿美元，仅占世界的2.6%，大约是美国的1/10、日本的1/4和德国的1/5，与英国、法国的差距小一些，分别为英国的1/2，是法国的4/5。由于我国对外支付了大量知识产权使用费，呈现出巨大的贸易逆差，逆差额达到349.4亿美元，而美国净收入超过800亿美元，德国、日本分别超过300亿美元和180亿美元，英国和法国分别接近60亿美元和30亿美元。从比重来看，我国知识产权使用费收入占服务业出口的比重仅为3.0%，而主要世界科技强国的这一比例在5%以上，日本最高达到28.5%，美国、德国在15%以上（图3-20）。

3. 科技创新带来的社会效益未充分显现

除了带动产业升级、经济转型外，科技创新还应当引领社会发展，成为社会进步、生活改善、环境优化的驱动力。世界科技强国在科技创新与社会发展间形成了良好的互动互促关系。

在经济增长方面，世界科技强国均是经济强国，科技创新在提高劳动生产率和人均GDP方面发挥了重要作用。与世界科技强国相比，我国仍

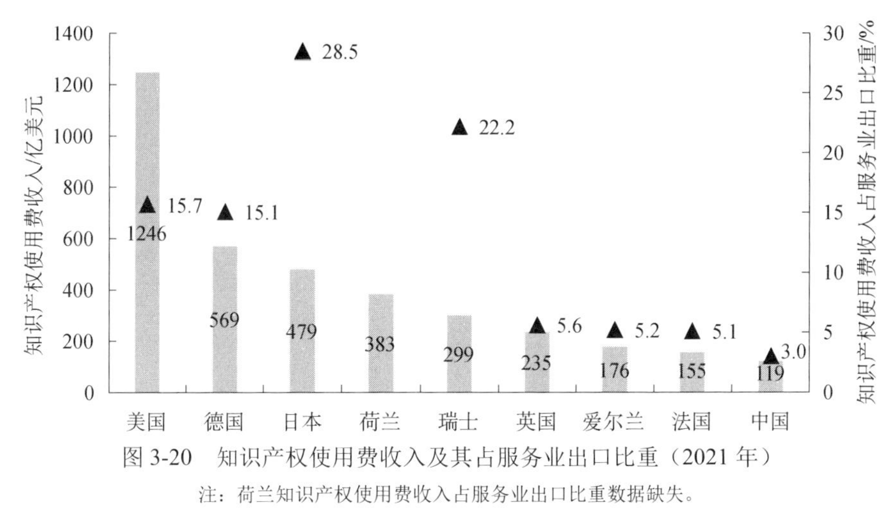

图 3-20 知识产权使用费收入及其占服务业出口比重（2021 年）

注：荷兰知识产权使用费收入占服务业出口比重数据缺失。

数据来源：根据联合国贸易和发展会议（UNCTAD）数据库（http://unctadstat.unctad.org/）整理

处于发展中国家行列，人均 GDP 远低于这些发达国家。2012～2021 年我国人均 GDP 增加了 6255.7 美元，增速为 8.0%，同期美国人均 GDP 增加了 17 503.1 美元，增速为 3.3%，以当前发展态势上限估计，2035 年我国人均 GDP 仅能达到美国的 1/3 左右[①]。从劳动生产率看，2021 年我国约为 2.4 万美元/人，而日本超过 7 万美元/人，德国、英国、法国在 9 万美元/人左右，美国更是接近 15 万美元/人[②]。

在居民生活方面，生物、医疗、卫生保健等领域的科学技术发展将有效延长人均寿命。相较于世界主要科技强国，我国还需要进一步加强科技对生命健康和生活质量的支撑作用，人均预期寿命还有很大的提升空间。2020 年我国的人均预期寿命为 77.1 岁，略低于美国的（77.3 岁），但明显低于其他四个科技强国（德国、英国、法国的人均预期寿命均超过 80 岁，日本接近 85 岁[③]）。

在环保方面，环境友好型、能源节约型技术将带来更舒适、更高效、

① 数据来源：世界银行数据库。

② 数据来源：经济合作与发展组织 2022 年 9 月发布的 *Main Science and Technology Indicators* 以及世界银行数据库。

③ 数据来源：世界银行数据库。

更清洁的生产生活。目前，中国已经成为环保技术领域的一支重要力量，2019年与环境相关的发明专利占世界的比重为15.5%，虽低于日本（10.5%）、美国（19.8%），但已经超过英国、法国、德国。但是，中国在人均发明专利和技术相对优势[①]上还有差距，与环境相关的人均发明专利为4.1件，而英国超过15件，美国、法国超过20件，德国和日本分别为48.0件和55.2件；环境相关技术的相对优势为0.88，与美国相当（0.89），低于日本（1.00），其他三个欧洲科技强国均超过1[②]。从能源技术领域来看，中国单位能耗的产出率相对较低，按汇率计算，2021年为4.9美元/千克标准油，而主要世界科技强国均在10美元/千克标准油以上，德国接近15美元/千克标准油，英国更是超过20美元/千克标准油[③]。

总体来看，中国在科技创新领域取得了举世瞩目的成就，进入了创新型国家行列。但是，目前中国的优势更多体现在规模上，由创新大国转变为科技强国还任重道远。在科学方面，科学研究成果量质齐升，但学科领域发展高度不均衡，重大的突破性、开创性、颠覆性成果仍显匮乏，开放性和吸引力尚且不足。在技术方面，专利数量、国际布局等已经比肩甚至超过部分科技强国，前沿和新兴技术领域不断突破，但在关键核心技术领域还面临巨大挑战。在创新发展方面，产业的知识技术含量虽然不断提高，但在产业链、创新链、价值链中所处的位置仍与世界科技强国差距很大，科技创新的经济效益和社会效益没有得到充分发挥，发展方式还需要进一步向创新驱动的方向转变。

---

① 相对优势=本国环境相关发明专利占所有发明专利比重/世界环境相关发明专利占世界发明专利比重。该指数等于1，意味着一个国家产出了与世界相同比例的绿色技术；指数大于1，意味着与世界相比在环境相关技术方面具有相对技术优势（或专业化）。

② 数据来源：经济合作与发展组织，https://stats.oecd.org/viewhtml.aspx?datasetcode=PAT_IND&lang=en。

③ 按照购买力平价和2015年不变价计算，虽然中国与世界主要科技强国的差距有所缩小，但差距仍十分明显。中国单位能耗产出率为4.9美元/千克标准油，美国为9.6美元/千克标准油，法国、日本、德国为12～15美元/千克标准油，英国接近19美元/千克标准油。

需要说明的是，中国与世界科技强国的差距源于所处历史发展阶段下综合国力和科技基础的差距。综合国力、经济发展与科技创新始终是相辅相成的，世界科技强国都是具备较强综合国力和较高经济发展水平的经济强国，而经济强国都依靠扎实的科技基础和源源不断的创新动力来保持其国际领先和优势地位。中国作为发展中国家和后发国家，经济腾飞和现代科技发展起步晚，与世界科技强国存在差距具有客观必然性。从前面的比较可以看出，中国与世界科技强国的科技创新能力和水平差距不断缩小，只要我们坚持实施科教兴国战略、创新驱动发展战略和人才强国战略，坚持走中国特色的自主创新道路，实现高水平科技自立自强，就完全有可能赶超其他科技强国并进入世界科技强国之林。

第四章　世界主要科技强国建设的经验做法及启示

根据世界科技强国的内涵与特征，以及评价指标分析结果，结合历次科技革命、产业变革和工业革命的演化历程，本书选取了英国、法国、德国、美国、日本等国家作为案例国家，分析不同国家在不同历史阶段的演进特点及主要做法。总体上看，世界科技强国的发展演进体现了科学、技术、产业三者之间逐步从相对分立到相互促进直至融合并进的过程。伴随着人类科学技术的不断发展，世界科技强国的格局也处于不断发展和演进之中。

一、世界科技强国的兴衰转移

从16世纪的意大利到20世纪的美国，在人类近现代史中，世界科学中心先后发生四次大转移，经历了两次科学革命、三次技术革命及由此引发的三次工业革命，引发大国兴衰和世界格局调整。英国、法国、德国、美国、日本等国家抢抓机遇，主导或引领了不同时期的科学革命或技术革命，相继崛起成为典型的世界科技强国。

（一）英国抓住第一次科技革命成果，成为世界上第一个科技强国，法国继而加入科技强国之列

文艺复兴运动和宗教战争推翻了封建经典理论对思想的束缚，为近代科学发展奠定了基础。新航路的开辟，环球航行的成功，世界各大洲的相互联通，扩大了世界市场，也开阔了人们的视野，带动了生产发展，而生产发展又促进了科学技术的繁荣。造船技术、航海技术、枪炮制造技术等技术发明和创造层出不穷，为科学研究提供了宝贵素材，而且提出了许多新的、亟须解决的理论课题，从而使物理学、数学的研究空前活跃。16 世纪下半叶，欧洲大陆蓬勃兴起的科学技术研究遭到战乱的干扰和破坏，造成大批人员外流，给英国带来千载难逢的机遇。进入 17 世纪，科学技术的研究对象、方法和作用发生急剧变革。培根（Bacon）、笛卡儿（Descartes）和伽利略（Galileo）等成为 17 世纪科学革命的先驱者，为科学的繁荣奠定了坚实基础。英国真正把 17 世纪科学技术革命推向顶峰。自然科学的新概念和新方法广泛应用，大型科学团体建立，一大批出类拔萃的科学家涌现出来。牛顿继承和发展开普勒等的优秀成果，建立经典力学基本体系，牢固确立英国在欧洲科学技术领域的中心地位，对整个 18 世纪的科学发展产生巨大影响，为英国工业革命创造了有利条件，数学、物理学、化学、机械学等方面的成果，直接被工业革命的发明创造所吸收。

18 世纪，飞梭、珍妮机等纺织机械工具的革新，拉开了近代第一次技术革命的序幕，同时对新的动力技术发展提出更高要求。以蒸汽动力为核心的技术体系逐步形成，直接引爆第一次工业革命。蒸汽机进入大规模生产时代，不仅促进了棉纺业、毛纺业、采煤业生产的发展，而且大大加速了工业革命进程，使得机器制造、冶金、交通运输乃至整个经济生活发生历史性巨变。英国凭借其作为第一次技术革命和工业革命的发源地的优势，迅速成为世界科技和经济强国。

1789年爆发的法国大革命废除传统守旧的君主专制体制，促使“自由、平等、博爱”观念深入人心，为推动资产阶级思想解放和早期高等教育改革，促进科学为工业和军事服务奠定了良好基础。18世纪后半叶，克劳德·贝托莱（Claude Berthollet）和让-安托万·沙普塔尔（Jean-Antoine Chaptal）积极从事与哥白林（Gobelin）的纺织工厂联系的染料化学的研究，皮埃尔·约瑟夫·马凯（Pierre-Joseph Macquer）在塞弗尔（Sèvres）从事瓷器研究，安托万-洛朗·拉瓦锡（Antoine-Laurent de Lavoisier）在皇家兵工厂从事火药研究。到1810年，聚集在法国的科研人员数量达到历史最高值，法国由此开启了其科学技术发展史上最具创造力的时代。19世纪上半叶，法国成为名副其实的世界科学中心，巴黎成为“国际科学大都市”的代名词，法兰西科学院、巴黎综合理工学院等是当时世界上领先的科研机构。

（二）德国、美国引领第二次工业革命，加入世界科技强国行列

19世纪的科学研究，不仅推动了工业生产的发展，而且直接导致第二次工业技术革命，标志是电力的广泛应用，内燃机、电动机代替蒸汽机，以及新的炼钢法的迅速推广和化学方法的采用。在新技术的基础上，产生了许多新兴的工业部门，如电力工业、石油开采、化学工业等。新工业技术革命引发了产业结构的变化。从19世纪70年代起，冶金工业、机器制造业等重工业部门取代了纺织等轻工业部门，在工业生产中占据优势。

第一次工业革命的发源地英国和紧随其后完成工业革命的法国，在新的工业技术革命中成为落伍者，完成统一大业的德国和南北战争结束后的美国，成为新工业技术革命的“双星”，改变了世界格局。

在第二次工业革命和德国经济发展史上，有两个工业部门的地位最为突出，一个是电气工业，另一个是化学工业。德国是最早发明和广泛应用电力的国家之一。电气工业是科学研究与技术发明以及工业生产相结合的产物。维尔纳・西门子（Werner Siemens）以一系列重要的科技发明并推进其实现工业化，促进了电气工业的蓬勃发展。化学工业的兴起和发展与化学科学的进步联系更为密切。正是19世纪化学研究的突飞猛进，直接推动了德国工业的崛起，也带动了现代农业和染料工业的建立。德国建立起强大的电力、汽车、发动机、化学、钢铁、煤炭等工业体系，经济实力逐渐超越英国。

尽管欧洲早已开始关于电的科学研究，但电气的实际应用，美国却领先一步，正是由于美国的种种发明创造，才加速了德国的电气化进程，同时也奠定了美国第二次工业技术革命的基础。美国电气工业的发展首先得益于爱迪生（Edison）、威斯汀豪斯（Westinghouse）等的杰出贡献，之后，埃尔默・斯佩里（Elmer Sperry）创造性地将电应用于新的实用领域（李景治，2000）。美国基于电力技术发明及电力工业体系的迅速兴起，实现了经济腾飞和赶超。1894年，美国工业总产值跃居世界首位，占世界工业总产值的1/3（吕宁，2014）。

英国虽然是第一次工业革命的发起国，但在第二次工业革命期间，工业体系的惯性和巨大的变革成本，导致缺乏技术创新动力而被美国、德国赶超。法国因受普法战争落败影响，失去了引领第二次工业革命的历史机遇。

（三）第二次世界大战后，苏联的科技实力不断增强，成为世界第二超级大国；日本振兴崛起成为世界第二大经济体，成功跻身世界科技强国行列

19世纪70年代到20世纪40年代中期，是科学技术不断革新和大发

展的时期，也是世界政局大动荡、格局大变化的时期。19 世纪后 30 年，世界格局的突出变化是英国、法国的衰落，德国、美国的崛起，英国的霸主地位受到巨大冲击和根本动摇。利益的冲突、矛盾的纠葛、实力的升降、各种集团的聚散和重新排列组合，导致世界格局变得起伏难定，变化莫测。从某种意义上来讲，战争是科学技术和工业生产的一次大展示，谁拥有先进的科学技术和发达的工业生产，谁就能在战场上占据优势。两次世界大战导致欧洲科技实力最强大的德国受到致命打击，英法两国勉强保住原有地位和利益，但实力被严重削弱，美国成为最大的受益者。

20 世纪初，相对论与量子力学的建立打破了绝对时空、连续性、确定性等基本前提和限制，使得物理学理论和整个自然科学体系都发生了重大变革，开启了第二次科学革命。物质结构、宇宙起源、生命演化、脑科学与认知科学等基础科学领域不断深化，有力推动了原子能、微电子与通信技术、空间科技等众多领域实现了重大科学技术突破，催生体量巨大的新兴产业，引发规模空前的第三次工业革命。

20 世纪 60 年代后期，一场新的科学技术革命已在酝酿之中，某些领域已见端倪。美国在研究出微机处理技术和电荷耦合期间，英国在计算机断层扫描（CT）方面略胜一筹。同时，光通信技术、产业用机器人在各工业国家先后问世。进入 70 年代，微电子技术得到迅速发展，并广泛运用于工业生产，由此引发了一场新的科学技术革命。美国处于领先地位。但 70 年代末期，尤其是 80 年代，日本和西欧国家紧追不舍，给美国的领先地位带来严重挑战。80 年代中期，日本半导体产品在世界市场的占有率高达 21.3%，超过同期的美国（李景治，2000）。

第二次世界大战后，苏联将西方科技领先国家作为赶超对象，在学习西欧国家科学技术和工业化经验的基础上，以国家战略需求为牵引，形成了国家主导、组织科学技术发展的模式，在数学、核物理、电气、机械、自动控制和空间技术等领域取得重大成就。在与以美国为首的西方国家展开竞争的同时，苏联建立了门类齐全的科研机构和科研队伍，从事几乎所有现代科技领域的研究，依靠国防技术支撑起世界军事强国的地位。20世纪70年代，苏联发展成为超级大国，不仅是经济大国、军事大国，而且是科技大国，整体上看科技水平仅次于美国，居世界第二位（中国科学院，2018）。在航空、航天、造船、核能、电子领域处于世界领先水平，创造了诸多世界第一。

与美国、日本相比，英国、法国、德国、意大利等的科技实力显然要弱些，在新科学技术革命中虽有一些创造发明，但总体上处于相对后进的状态。自20世纪50年代开始，西欧国家就陆续组建一系列联盟，其中与发展科技关系最密切的是“尤里卡计划”。该计划的目的是通过欧洲各国政府和民间的多方面合作，加强欧洲高科技研究，对抗美国、日本、苏联等国家和地区的激烈竞争。

（四）20世纪90年代以来，新技术革命催生“一超多强”的世界科技强国新格局

20世纪90年代以来，在新科技浪潮的冲击下，尤其是受苏联解体、东欧剧变的影响，世界格局急剧变化，出现多极化的趋势。在基础科学发现和社会需求的驱动下，以美国为代表的科技强国汇集全球科学知识和技术创新成果，促使技术发明和革新呈现爆发式、群体性增长，掀起全球性高技术革命浪潮。

美国作为新技术革命的主要倡导者，推动了半导体产业、大型计算机产业、个人计算机产业、软件产业、通信产业等新兴产业的发展，通过实施“信息高速公路计划”和“大数据研究和发展计划”，推广和应用互联网，造就了国际商业机器公司（IBM）、英特尔（Intel）、微软（Microsoft）、苹果（Apple）、思科（Cisco）、亚马逊（Amazon）、谷歌（Google）、脸书

（Facebook）、特斯拉（Tesla）等一代又一代知名创新型企业，给美国带来一轮又一轮经济繁荣。法国在航空航天、核能、汽车与精密机械等领域取得关键进展，在世界舞台上占有一席之地。德国在生命科学、材料制造、重离子等领域的科研水平国际领先，并在化学和药物研究、航空、汽车和机械制造等工业技术方面建立了领先优势，使“德国制造”享誉全球。

日本从20世纪50年代中期到20世纪90年代初的三十多年，与美国从轻工业等中低端制造业的贸易摩擦逐渐升级为汇率金融战和以半导体为代表的科技战。美国步步紧逼，培养竞争对手，中国台湾半导体制造业和韩国存储器行业抓住日本半导体业内外交困的机遇承接转移订单，瓦解日本产业链优势，实现快速崛起。日本政府应对失当，实行过度宽松的货币政策和财政政策，大量资金从制造业流入股市、房市，而在紧急加息抑制地价房价后，日本经济泡沫破裂，发展高科技乏力，陷入“失去的二十年”（任泽平等，2019）。进入20世纪90年代后，日本开始意识到科学技术创造立国的重要性，意识到提高集成研究能力与保持经济可持续发展之间的密切关系，推动科学与技术综合协调发展，诺贝尔奖实现“井喷”，在半导体与集成电路、光电子、核能、高铁、汽车、机器人等领域，实现技术整体突破。

苏联实行“动员式”管理模式，在短期内集中调配有限资源用于国家规划的重大或紧急项目，曾积极促进了科技发展，但在后期弊病丛生，思想僵化和体制固化导致产生严重的“创新惰性”。苏联解体后，俄罗斯借助原有的基础，在核能、航空、航天、激光、新材料等方面取得新进展。

目前，全球科技创新格局已呈现由欧美地区向亚太地区、由大西洋地区向太平洋区域、由发达国家向发展中国家扩散的趋势，正在形成“一超多强”的多元化格局。美国的绝对领先地位短期内仍难以撼动；英国、法国、德国、日本等传统科技强国依然具备雄厚的科技创新实力，在世界科技创新格局中具有举足轻重的地位；以色列、韩国、瑞典等一些科技创新实力很强但经济体量规模不大的国家，在建设科技强国和促进科技创新方面也走出了各具特色的道路。

二、英国建设科技强国的经验做法与启示

（一）历史演进

英国是近代科学和技术发明的主要贡献者之一，曾是世界科技、工业和经济最发达的国家，具有深厚的科学传统和科学文化，拥有众多享誉世界的科学大家，取得了举世瞩目的科技成就。

1. 资产阶级革命与科学事业的建制化推动英国成为世界科学中心

中世纪后期，文艺复兴和宗教改革冲击了教会的绝对统治，将人的思想从神权和神性的禁锢中解放出来，为近代科学的发展奠定了坚实基础。16 世纪后，随着英国商业经贸和海外殖民，英国国内资本主义取得了长足的发展，资产阶级的社会地位得到了显著提升，资产阶级革命推动君主立宪制度的确立，为科学革命的产生与发展提供了宽松的条件。英国科学精神与科学事业建制化是英国科学事业得以发展的重要内核力量。1660 年英国皇家学会（The Royal Society）成立，标志着科学组织的建制化形成，极大地促进了英国自然科学的发展，对后发国家科技体制的发展也产生了深远影响。整体上来看，清教主义与当时英国科学家的精神气质相符合，塑造形成了一种有助于科学探索和发展的良好社会文化环境。经济的高速发展以及政治与文化领域的宽松自由，使得英国成为继意大利之后的世界科学中心。

2. 两次工业革命推动英国科学事业由建制化向体制化跃迁

在第一次工业革命持续推进的大背景下，英国的科学事业保持旺盛生

命力，这其中以成立于1765年的月光派（Lunar Circle）[1775年更名为月光社（Lunar Society）] 为代表，其重视科学知识的实践应用和工艺技术的革新发展，在一定程度上促进了技术与工业的交互结合，推动英国成为近代世界头号强国。第二次工业革命前后，“先行者劣势”对英国的产业化变革产生深刻影响，技术的“路径依赖”则阻滞了英国的科技优势累积，主要表现为：一是英国通过第一次工业革命汇集了大量财富，但经济的高度发达却导致英国在这一时期创新动力不足；二是英国政府对科技事业的重视程度和支持力度有限。英国虽有以迈克尔·法拉第和詹姆斯·麦克斯韦为代表的科学家对先进电磁学的发现，也有电机、变压器和二极管等关键性技术发明，但这些科技成果却在美国和德国得以大规模产业化。在此背景下，就有英国学者注意到科学体制化对英国未来科技与社会经济发展的重要性，呼吁促进英国科学研究的体制化和培养模式的确立，要求政府资助科技研究工作并介入科技事业中。1831年英国成立了英国科学促进会，标志着英国开始出现现代意义上的科学研究共同体。1905年，英国科学顾问委员会成立，标志着英国政府对待科技事业体制化发展的重大战略转向（贺淑娟，2011）。1917年，英国科技史上第一个专职科学、技术发展与工业研究的政府权力部门——英国科学与工业研究部成立，确立了国家科学事业的体制化发展道路。

3. 两次世界大战及冷战促使科研成为长期国家战略

两次世界大战使现代战争的科技化本质得以凸显，同时暴露出英国在科学研究、技术研发、科技教育和工业等领域长久累积的弊端。英国政府认识到科技发展对国家命运的重要意义，也意识到现代国家的科技与工业发展离不开系统化和组织化的科技活动。“科学现代化”也已成为英国政府科技政策的核心导向，政府开始积极投入科技与教育事业。1915年，《科学与工业研究的组织和发展计划》白皮书问世，第一次将科技事业与科技教育的发展以政府文本的形式列入国家发展目标，这是英国国家科技发展战略的重大突破，至此，英国政府与科技事业、科技教育领域之间的关系上升到一个新的高度。英国枢密院科学与工业研究委员会于1916年发布报告，指出建设国家支撑的科技组织的重要性，要求平衡基础研究与应用技术之间的关系，并呼吁工业界重视科技的驱动力量。1918年，“霍尔丹原则”确立了研究者对研究资助的掌控权，英国科技研发组织开始真正体系化。第二次世界大战期间，科研经费大幅增长，大大推动了与军事技术相关领域的科技发展。战后，在冷战阴霾和第三次技术革命的时代背景下，考虑到大而全的科技发展战略并不符合英国的国力实际，在发展原子能、航空航天、雷达等军事技术的同时，英国政界意识到强调各学科领域之间均衡的重要性，将民用科技纳入国家科技政策的重点关注领域，布局电子信息、新材料、生物等战略领域以促进经济振兴。成立未来科学政策委员会，变革既有的英国科技政策体制，重组专业的科技顾问委员会，加大科技人才培养和教育工作，在科技发展和科技教育方面的投入也达到了史无前例的体量（贺淑娟，2011）。1965年推动《科学技术法令》颁布，组建技术部。20世纪80年代，在撒切尔（Thatcher）夫人领导下制定的科技政策有着浓厚的市场化气息，将研究与产业紧密联合，推行科技市场化进程，实施“科技+工业”的联合发展计划。

4. 冷战后全面推动政府导引型的国家创新生态系统建设

冷战后，英国确立了创新型国家的建设目标，立足于长久以来英国在基础研究领域的深厚积淀和优良的科研传统氛围，不断完善国家创新生态系统。尤其是2008年的金融危机，更是促使英国将科技发展作为国家社会经济振兴的核心手段，设立中长期发展规划引导英国科技事业发展方向。2020年成功“脱欧”后，英国重新调整了科技战略方针，在技术预见、科技投入、科技成果转化、国际合作和科技税收等多个方面重新出台政策，制定中长期发展规划，全面推进国家创新生态系统建设。

（二）经验做法

1. 注重发挥科学精神与创新文化的引领作用

英国在科学领域的理论突破与其文化有着重要关系，尤其是以培根的实验哲学思想为代表，为英国塑造了良好和坚实的知识与文化基础。英国的科学精神，追求对真理和真知的探索，对自然规律的探寻和掌控，培养出英国社会整体的创新与发现精神，进而形成英国在特定历史时期独有的科学文化氛围。同时，如英国皇家学会、月光社这样官方或民间的科技社团更是激发了英国对科技发展追求的社会文化背景和探索科技发展的热情。为保护这种创新文化和探索热情的持久延续，英国政府设置了一系列制度保障，其中最核心的就是对知识产权的重视。英国是世界上最早实行专利制度的国家，经过400多年的发展完善，已经形成一套健全高效的知识产权法律、执法和司法体系，设置了便捷高效的综合性管理机构，使得知识产权保护意识深入人心。英国还根据工业发展、商业环境变化及时调整知识产权制度，以“硬规则”的形式确保研发人员的创新活力。

2. 注重基础研究领域的投入

英国的基础研究实力很强，总体水平位居世界第二。一是投入大量经费。英国长期重视基础研究，多年来基础研究经费占研发经费的16%～17%。英国政府对基础研究的支持主要通过七大研究理事会，研究理事会的战略布局，基本上决定了英国的基础研究布局。近年来，英国研究理事会的R&D经费投入中用于基础研究（包括纯基础研究和定向基础研究）的比例有所下降，2017年为38.1%（王婷等，2022）。二是直接投资建设重大科研基础设施及研究机构。英国为加强国家战略科技力量的发展，由政府通过各研究理事会直接投资建设了一批重大科技设施。2017 年 12 月英国《国家基础设施建设分析报告》（*Analysis of the National Infrastructure and Construction Pipeline*）显示，自 2010 年来，英国科技类重大基础设施投入约 85 亿英镑（Infrastructure and Projects Authority，2017）。

3. 实施有效的科技评价与预测工作，保持对新兴技术的敏感性

英国政府实施的三次科技预测项目，使得英国能够科学地测度和评判国家科技实力的真实水平，厘清和反思国外科技发展过程中存在的诸多不足，同时帮助英国政府识别自身的科技优势，保持对新兴技术的“敏感”，制定科学的中长期发展规划和有效的支撑政策。此外，良性的竞争型市场模式的构建，也鼓励企业积极投入技术产业之间的竞争和比较当中，让企业及时意识到技术创新对其本身的生存与发展意义，激活企业本身对核心技术的重视，鼓励企业自主创新。

4. 注重实施长远战略，保持科技政策实施的连贯性

第二次世界大战后，虽然英国政府已经意识到科技发展对国家社会经济发展的重要意义，但受制于英国的国家政治体制与党派的相互竞争，英国的科技政策经常会随着政界的更迭而出现变动，前任党派所制定的科技政策往往会由于继任党派的发展理念不同而变更。科技开始逐渐作为一种政治力量参与政府内部的政事斗争，科技与政治之间开始出现双向介入，科学的政治化倾向明显。20 世纪 90 年代，英国开始实施国家创新型发展战略，制定实施科学的评价机制和中长期发展规划，各类政策也就科技发展的达成统一共识，英国国家科技创新发展的整体方向得以稳定，也才能够造就今日英国强大的科技实力和发展潜能。

5. 注重战略性科技力量建设，全面提升科技创新绩效

英国是全球研发创新强国。英国以占全球0.9%的人口、2.7%的研发支出、4.1%的研发人员，产出6.3%的论文数、9.9%的论文下载量、10.7%的论文引用率和15.2%的高水平论文（TOP 1）引用率，科研效率全球领先（郑焕斌，2018）。英国非常注重以下工作。一是注重世界一流大学建设。QS 2020排名前10位的大学中英国有4所，这些大学拥有一批重要科研机构及诺贝尔奖得主（英国诺贝尔奖获奖人数仅次于美国），如剑桥大学的卡文迪什实验室、曼彻斯特大学的国家石墨烯研究所等，是英国重要的科技力量。二是注重以大科学工程装置为核心的国家科研机构建设。从国家层面看，在大学科研力量之外，少数由政府投资建设［主要通过英国科学与技术设施理事会（STFC）、英国工程与自然科学研究理事会（EPSRC）等各研究理事会支持］的国家级科研机构主要包括：国家物理实验室（NPL，兼具国家计量基准研究中心职能），卢瑟福·阿普尔顿实验室（RAL，拥有同步辐射光源、散裂中子源等大型科研仪器设备），弗朗西斯·克里克研究所（以医学研究为主），达斯伯里实验室，国家核实验室（NNL），亨利·莱斯爵士研究所（以先进材料研究为主），极地考察船大卫·阿滕伯勒爵士（Sir David Attenborough）号等。

6. 前瞻性建构和布局国家创新体系

英国至今仍然保持世界科技强国的主要方式是通过塑造有效的国家科技创新生态体系，利用好在基础科学领域的既有深厚积淀，重点着力优势领域，在发展过程中保持科技发展方向的均衡性。20世纪90年代后期开始，英国政府就意识到21世纪国家科技事业的发展可以借助其悠久的科学传统和深厚的科学基础，并开始着手建设具有英国发展特点的国家创新系统，积极调动包括商业、能源和工业战略部等政府职能机构，实施高效

的管理协调机制，将英国研究理事会、英国高等教育拨款委员会、英国创新署和英国皇家学会等非政府组织纳入英国创新体系的组成架构当中，优化资金投入配置，评估发展战略，保障科技投入的均衡性。国家创新体系建设的持续推进，是保持现在英国国家科技优势的重要方法，也是实现未来英国科技发展战略的核心基础。

（三）政策启示

1. 强化政府在科技创新驱动发展中的地位

英国继意大利之后成为世界科学中心，相较于意大利宗教对科学的压制，英国拥有孵化科学发展更适合和更宽松的科学研究环境。在此基础上，英国的科技成果不断涌现，通过机械化更是对既有产业实现了技术颠覆性革新，为英国工业实力和综合国力的飞跃发展提供了足够的技术手段支撑。但由于政府缺乏对科学研究的引导和重视，科技政策的缺失和不完善，使得英国“错失”第二次工业革命的发展机遇，科技进步也未能一贯地服务于社会经济发展，产业界缺乏政策的支持和链接，科技成果转化效率低下。由此可见，必须强化政府部门在创新驱动发展中的地位，直接介入科技发展和成果转化的进程中，及时出台有效的支撑和鼓励政策，利用好基础研究领域的先发优势和沉淀积累，协调好科技、教育与产业之间的合作关系，只有这样才能借助科技力量实现国家高质量发展。

2. 从产业的视角驱动技术成熟

一是注重政府与产业界合作协商产业发展。这是英国政府推进产业发展的有效经验，按照专题建立政府与产业界的合作关系，促进政策落实，提升产业创新和生产力。二是注重从产业的视角推动技术创新和应用转化。所提举措和研发支持，体现了“服务于产业、由产业主导”的理念，政府的引导作用体现在资助部分资金、搭建公共平台、提供政策保障，产业研发由产业界和学术界合作推进。三是注重发挥中小企业的创新作用。既要发挥巨头的研发引领和成果集成作用，更要强调供应链上下游中小企业的创新支持，形成良好的产业生态。四是注重产业所需的各层次人才培养。通过完善培养标准和要求，加强产业实践，提升产业发展所需人才的实践技能。在科技与经济更加融合的今天，对我们规划未来科技发展、推进重大专项创新、更加突出从产业视角部署科研创新，具有很好的借鉴意义。

3. 加强基础研究投入，尤其是地方财政和企业、社会的投入

我国的基础研究投入占 R&D 投入的比重长期保持在 5%左右，与发达国家的这一比重（15%左右）差距较大，而且以中央财政投入为主。我国地方政府财政科技投入的总和，已经超过中央财政，是未来挖潜的主要方向。引导企业加强对基础研究的投入，是培育产业核心竞争力的关键。深化国家科技计划项目和经费管理改革，营造有利于基础研究的潜心钻研的科研环境。英国研究理事会的“霍尔丹原则”虽不适用于我国国情，但在自然科学基金的管理上可以借鉴。要完善符合基础研究自身规律的科技项目立项、过程管理和评价办法，更加宽松地使用经费。

4. 加强国际合作力度，构建全球创新网络

英国非常重视国际合作，其发表学术论文的 50%以上为国际合作论文。为应对日益增长的科技和创新需求，英国外交部于 2000 年建立了科学与创新网络（Science and Innovation Network，SIN），在全球 28 个国家和地区、47 个城市派驻（招聘）了 93 名专业科技外交官（其中大部分为本地雇员）。据有关统计，英国外交部用于科学与创新网络的年度经费约为 1060 万英镑。我国的国际科技合作应进一步加强针对性，有的放矢地

与国际知名机构和研究小组开展合作，提升我国的基础研究实力。通过积极参与或牵头组织实施国际大科学计划和大科学工程，培养科技与工程人员，用一流的设施吸引人才。

5. 注重学科交叉和跨学科合作，推进大型科研基础设施建设与运行的战略协同

英国政府投资建设的基础设施和研究单位虽有一定的学科领域布局，但均是支持多学科交叉与跨学科合作。例如，卢瑟福·阿普尔顿实验室集中了同步辐射光源、散裂子中子源、激光、空间研究设备多个相近学科的大型科研设备，形成了良好的优势互补和共生关系。英国在建设大型科研基础设施或国家级科研中心时，政府的直接投资主要是通过各相关研究理事会，建设期直接投入建设经费（building and equipment，包括基建和仪器设备费），运行期（operation of the institute）以核心资助（core funding）给以稳定的研发支持。同时，也很注重引入企业、大学、基金会等社会多方力量参与建设。例如，新建的弗朗西斯·克里克研究所得到了伦敦大学学院、帝国理工学院、伦敦国王学院、维康信托基金会等的支持；位于哈维尔（Harwell）高科技园的卢瑟福·阿普尔顿实验室得到了空中客车公司（Airbus）、捷豹（Jaguar）、鸿达（Honda）、葛兰素史克（GSK）、西门子（Siemens）、剑桥大学、牛津大学等多家企业、大学以及欧洲空间局、欧洲核子研究中心（CERN）等的支持。亨利·莱斯爵士研究所得到了曼彻斯特大学、剑桥大学、利物浦大学、利兹大学、牛津大学、帝国理工学院，以及英国原子能管理局（UKAEA）、国家核实验室等的支持。我国在国家实验室等大科学工程装置建设方面，应学习借鉴英国经验，引入大学、企业等多创新要素主体，推动战略协同发展。

三、法国建设科技强国的经验做法与启示

法国是欧洲科技创新的先驱之一。迄今，法国科技发展先后经历了两次辉煌和两次衰落。18 世纪下半叶至 19 世纪上半叶作为世界科学中心，法国在数学、物理、化学等基础研究领域取得举世瞩目的重大发现。第二次世界大战结束后，法国又在航空航天、高速列车、军工制造、汽车、精密仪器等方面取得引人瞩目的科技成就，保持着世界科技强国的地位。

（一）历史演进

1. 第一次辉煌与世界科学中心向德国转移

18 世纪末至 19 世纪初，法国通过启蒙运动与资产阶级革命解除了思想禁锢，营造了自由探索的科学氛围，建立了相对完善的市场机制，为科技创新提供了良好环境，为工业技术发明和工业化发展奠定了良好基础。这一时期，法国改组了法兰西科学院，创立了巴黎综合理工学院与巴黎高等师范学院等世界领先的科研院所，集聚在法国的科研人员达到一个历史高峰，在数学、物理学、化学、生理学或医学等基础研究领域取得举世瞩目的重大发现，法国因此成为当时人人向往的世界科学中心。

但是，随着波旁王朝复辟，法国政局开始动荡，社会稳定性急剧下降，高度集中于巴黎的科学活动缺乏顺畅开展的基础，导致法国科学水平不断下滑，世界科学中心逐渐向德国转移。

2. 第二次辉煌时期与错失信息技术革命机遇

20 世纪 30 年代起，特别是第二次世界大战之后，法国总统戴高乐（Gaulle）深刻地意识到科技水平已经成为国家综合实力和国际竞争力的重要影响要素，科技事业发展也成为实现国家重建与振兴的核心路径。为

促进战后经济社会的迅速恢复与发展，法国政府采取了一系列有效措施和布局来发展本国的科技研发活动，集中兴建了一批国立科研机构，主要包括国家科学研究中心（CNRS）、原子能委员会（CEA）、国家空间研究中心（CNES）和国家信息与自动化研究所（INRIA）等。同时，不断加强对公益性研究机构的支持，这使得法国形成了完备的国家科研创新体系和先进的科研机制，进而取得了辉煌的科技成就。20 世纪 60～80 年代，法国在航空航天、高速铁路、精密机械与核能等科技尖端领域实现重大突破，涌现出一大批工业巨头，并至今保持世界领先地位。

20 世纪 80 年代到 90 年代初期，随着以信息技术为主导的第四次科技浪潮迅速发展，以美国为代表的发达国家形成以信息技术为核心的集成电路、个人计算机、互联网和生物技术产业，并逐渐成为社会经济新的增长极。但同时期的法国由于对关键信息技术的创新缺乏正确的认识，没有及时将信息科技列为探索与发展的重点方向，科技政策出现重大失误，导致法国与信息技术革命失之交臂，经济缺乏新的增长点，国家整体科技实力与国际竞争力陷入衰退期。

虽然 20 世纪 90 年代科学研究“自由探索”复古主义成为法国科技研究与开发的主流指导思想，但法国科学界的研究缺乏明确的目标导向性，使得科技研究内容脱离市场实际需求，科技成果的社会效益和经济价值低下，最终导致法国的科技研究与开发水平跌入历史低谷，法国科技创新也从原本的“领跑”降至“跟跑”。

3. 痛定思痛后积极应对 21 世纪的科技发展

20 世纪 90 年代，法国政府组织有关科技创新问题的全国性大讨论，委托专家对法国科技创新体系的现状和问题进行系统的分析与评估，对法国科技发展停滞的原因与症结进行分析诊断，采取一系列政策上的变革积极应对存在的问题，并在长期演化过程中形成以政府为主导的“多线并存、各有分工”的特色科技评价体系。1999年颁布实施《科研与创新法》，鼓励公共科学研究转型，确保优先布局重点科学领域，推动建设创新技术网络。

为在愈发激烈的科技竞争中占据前列，21世纪以来法国相继制定了一系列科技计划，主要包括“竞争力极点”计划（2013年第3期）、“未来投资”计划（2017年第3期）、“新工业法国”计划（2013年）、“未来工业”计划（2015年），并围绕一些优先发展领域制定了若干科学战略，如2011～2020年生物多样性国家战略计划（2011年）、数字法国2020计划（2011年）、法国核能的未来（2011年）、法国绿色技术路线图（2011年）与法国空间战略（2012年）等（中国科学院，2018）。经过近三十年的不懈努力，法国的创新竞争力得到显著提升，并重新跻身世界有重要影响力的科技强国行列。

（二）经验做法

1. 建立人才和科研院所集聚发展的世界科学中心

无论是第一次还是第二次辉煌，人才和科研院所的集聚发展以及建立科学中心，都是法国最成功的经验。启蒙运动与资产阶级革命之后，法国巴黎就成为当时人人向往的世界科学中心。20世纪30年代起，特别是第二次世界大战之后，法国政府围绕国防安全和社会经济发展战略布局，在10年左右的时间里先后设立了以法国国家科研中心（1939年）、法国国家航空航天研究院（ONERA，1946年）、法国国家健康与医学研究院（INSERM，1964年）为代表的一批国立科研机构，在短期内迅速组建了一支涵盖数学、化学、生物学、材料学、核物理学、生命科学、信息通信、航空航天、生物技术和海洋能源开发等重点领域学科的国家科研力量。

法国把国立科研机构分为科技型和工贸型两大类。科技型国立科研机构是“非定向综合型自由探索”的主体力量，由相关部委主管，主要承担各学科领域或综合学科领域的前沿交叉研究、基础研究和部分应用研究。譬如法国国家科学研究中心是目前法国最大的科技型国立科研机构，也是欧洲最大的科研机构之一，主要从事数学、生物学、物理学和化学等长期性基础研究。工贸型国立科研机构是“定向型应用研究”的主要力量，基于科技成果转移转化与产业化发展动向，聚焦“单一”学科或领域的应用研究、开发研究和少量基础研究，代表机构有法国原子能与可替代能源委员会、法国国家信息与自动化研究所等。

2. 构建行之有效的政产学研国家科技创新体系

法国的国家科技创新体系构建始于 1945 年，政府主导创建、重组和扩建了一大批服务于国家军事发展需求的国立科研机构。在后续的演化历程中，逐渐纳入高等教育机构、企业与非营利性科研机构，从而共同构建了有效互动、协同创新的国家科技创新体系，各类创新主体相互促进、相辅相成，形成了良好的合力。

其中，政府在政策设计引导、经费支持、沟通协调、科技评估与创新环境建设方面发挥了不可或缺的作用；科技型和工贸型两类国立科研机构负责开展基础研究、前沿交叉研究、定向应用型研究；“三线并存”的高等教育机构负责培育科技精英、高级工程师、高级行政管理人员，并与国立科研机构合作，围绕基础研究和应用研究创建联合实验室，开展部分基础性、前沿性的研究工作；企业负责应用性产业技术的研发与科技成果转移转化，不仅为国立科研机构与高校提供研究资助，为高等教育机构特别是工程师院校培养产业界所需人才，其本身也能得到包括政府经费资助在内的科学技术研发的资源，并通过“伙伴研究”（Recherche Partenariale）计划与国立科研机构、高等院校建立研发合作关系，通过卡诺（Carnot）研究所计划，加快公共研究部门科研成果向私人企业的转化。

3. 建立符合法国实际的第三方科技创新评估体系

法国建立了特色鲜明的第三方科技创新评估体系，并成为其国家创新体系的重要组成部分。1982 年，法国政府颁布实施《法国科研与技术发展导向与规划法》，首次以国家立法的形式要求对科研人员、团体与研究单元、科技规划的制定与科技成果定期进行全面评估，先后创立了 5 个国家级科技评估机构，经过 30 多年的演变，最终形成国家科学研究委员会（CoNRS）与法国科研与高等教育评估高级委员会（HCERES）两家权威评估机构。2013 年法国出台了《科研单位评估标准》，决定在政府主建评估机构的前提下，采用同行专家集体评估办法开展科技创新评估活动，其中 CoNRS 负责法国国家科学研究中心下设各研究单元科研人员的内部评价；HCERES 作为独立第三方定期组织对全国 3000 余家高等教育、科研院所、实验室、研究单元与团队等机构进行质量评估。评估坚持以下三项原则：一是组织同行专家集体进行质量评价；二是对不同学科、跨学科领域、研究机构类别采取不同的评价标准；三是侧重科研机构的研究成果及价值。评估结果向社会公众发布，并对机构后续经费资助产生直接影响。

4. 统筹高等教育与科学研究协同发展

2013 年，法国政府首次将高等教育与科学研究战略合二为一，出台为期 10 年的《高等教育与研究指导法案》，旨在进一步促进高等教育与国际接轨，推动高等教育、科学研究与科技创新体系的融合与变革，促使精英教育向普适性教育转变。

该法案提出：简化、调整和统一全国专业目录，建立渐进专业化的培养方式，设置多学科课程，增强继续教育与复合型人才的教育力度；改革和重组国家研究与高等教育评估署，组建国家科研与高教评估高级委员会；创建国家科研战略委员会，由总理直接领导，委员会按照教研部部长的指令，将优先发展和热点竞争的科研摆在国家战略位置，代表政府督促、落实政府与各高校签订的多年度目标合同，并明确将科技成果转化作为高校的重点工作。

与世界上其他科技强国不同，法国科技强国的历程经历多次波折，但仍旧依靠自主创新的精神，重新成为世界上有重要影响力的科技强国。法国的行政管理体制机制和科技活动组织模式与我国有很多相似之处，法国丰富的创新历史尤其值得我国借鉴，其失败之处值得我们深思，而其重新成功的经验更值得我们深入学习。

（三）政策启示

1. 坚持独立自主，持续稳定加强基础研究支持

第二次世界大战结束之后，法国开始改变发展战略，摒弃了战后对美国的依附政策，实行独立自主的“戴高乐主义”，尤其是在科技领域坚持独立自主提高创新能力，赢得了历史上的第二个辉煌时期。核心技术是买不来的，“卡脖子”关键问题只有坚持走独立自主的科技创新道路才能解决。1982 年，法国颁布《科研与技术发展导向与规划法》，首次以立法形式明确规定了国家公共科研经费占国内生产总值的比重及其年增长速度，要求按照当时的学科领域发展需求，合理划分国家用于支持基础研究、应用研究和开发研究，以及用于支持重大科技发展重点领域的资助比重。1985 年实施的《科学研究与技术振兴法》中，又规定要基于国家经济状况，合理上调科研经费的年增长率。《2021—2030 年研究规划法》也确定要增加对科研的总体投入，加强对竞争性项目的资助，提高科研项目的间接经费率，并确保科研类职业的吸引力。

近 20 年来，法国的基础研究强度一直维持在 0.45%～0.5%，处于全

球第一方阵；而其基础研究经费占 R&D 经费的比重也长期保持在 20%左右，并逐步提高到 25%以上，遥遥领先于其他国家。截至 2020 年，法国以 69 位诺贝尔奖得主排名世界第四；以 12 位菲尔兹奖得主排名世界第二，之所以能取得如此显著的成绩，与法国长期、持续稳定地重视基础研究密不可分。

2. 吸取前车之鉴，加强前沿科技的规划与指引

第二次世界大战后，法国通过识别与部署战略性科技重点领域，直接成就了其科技强国建设的第二次辉煌时期。但在 20 世纪 90 年代错失发展机遇的经验教训，也说明紧抓科技前沿对科技强国建设与社会经济发展的重要意义。尤其是在科技创新迭代不断提速的当下，一旦错失科技发展重要机遇期，将会直接影响到国家综合实力的可持续发展。纯粹的科技创新“自由探索”理念使得法国国家创新体系的执行主体缺乏相互合作的意识与能力，科研成果与市场需求缺乏契合度。

3. 借鉴特色经验，构建科学有效的科技创新评价体系

当前我国科技评价体系改革的一大难点在于如何科学、合理与清晰地界定行政管理部门与学术评价机构的权力界限；尤其是科技创新绩效与政府绩效挂钩，导致评测过程的真实性和评价内容的科学可信度不足。法国的科技创新评价体系由政府主建评估机构，法国科研与高等教育评估高级委员会作为第三方进行独立评价，在实施评价过程中为法国科技发展项目的过程管理和绩效评测的效果与质量提供重要的制度保障。其实践也说明，为确保评价结果的客观性与公正性，学术评价机构在组建评审委员会和设置评价指标、标准与权重时，行政管理部门应最大限度地减少一切不必要的行政干预，真正赋予学术评价机构充分的自主权，根据部分学科、领域机构与项目的特殊性和复杂性，享有动态调整评价标准与指标的权

限。同时，法国科技创新评价还按照不同领域的评估标准，对不同类别的机构设置不同的多元化评价指标。

四、德国建设科技强国的经验做法与启示

历史上，德国曾一度是个落后的国家。俾斯麦经过三场王朝战争，才最终在 1871 年将德国在政治上统一起来。之后，德国的科学、技术、经济和文化等得到迅猛发展。到第一次世界大战前，德国俨然已成为欧洲最强大的国家，首都柏林也成为世界科学中心。两次世界大战、东西方两大阵营的冷战，以及联邦德国与民主德国奇迹般的重新统一，都让德国处于世界历史的聚焦点。

（一）历史演进

1. 19 世纪末至 20 世纪初，德国成为世界科学中心，跻身先进工业国家行列

1871 年德国统一后至第一次世界大战之前，受惠于国家统一和教育改革，德国抓住了第二次工业革命的机会，科技和工业进入高速发展时期。一大批著名的科学家和工程师相继涌现。李比希、霍夫曼（Hofmann）等著名化学家确立了德国化学在世界化学领域的领导地位；以高斯（Gauss）、克莱因（Klein）等为代表的数学家，将哥廷根大学打造为世界数学研究中心；欧姆、亥姆霍兹、伦琴（Röntgen）、普朗克（Planck）、爱因斯坦（Einstein）等开辟了物理学新纪元，引领了 19 世纪与 20 世纪之交的物理学革命。在工业方面，德国注重科学、技术与生产的有机结合和专利保护，立法保护前沿应用技术，使德国实用技术位于世界前列，孕育了化学工业和电力工业等具有发展潜力的新兴工业。科技的发展和新兴工

业的崛起，使德国迅速成为19世纪末20世纪初的世界科学中心和工业化强国。

2. 第二次世界大战后到20世纪80～90年代末，德国科技恢复发展，在世界科技和经济领域的竞争力进一步提升

第二次世界大战后，政府加强了对科技的调控作用。重新调整科技主管部门，成立科学、空间等领域研究委员会，以及专司科技政策与规划的联邦教育与研究部等部门；进一步完善科研体系，在物理、生物技术等主要领域组建大型国立研究中心；大力扶持工业企业创新，建立工业企业自身技术革新和研发机构，鼓励工业企业研究机构开发新产品和新技术；建立多个科技园区和创新中心，推动德国技术创新和成果转移转化。到20世纪70年代，德国在生物学、材料科学、重离子研究等科学领域已具有国际先进水平，在化工和医药、航空、汽车和机械制造等工业技术方面更是全球领先。联邦德国和民主德国统一后，德国政府快速重组科研体制，继续提高科研机构的基础研究经费，组建新科研机构和大研究中心，改善大学基础研究设施，推动德国基础研究快速发展。加强生物、基因、信息技术等高技术开发，使德国在生物技术、微电子技术等领域逐渐领先。

3. 进入21世纪，德国再次跻身世界科技强国之列

进入21世纪，德国政府加速培养科研后备力量。继续实施由企业和职业学院共同负责的双元制教育，培养实用人才。启动“卓越计划”“学术后备人才促进计划”“创新型高校计划”，打造一流大学。设立英才资助机构，实施“青年教授席位计划”和一系列高额资助计划，重点资助各科研创新领域的后起之秀，大力吸引国际优秀青年人才。在科技方面，加大科技体制整合力度，发布多个科技战略和领域单项规划，加强重点领域科学研究，提高科研经费使用效益和效力，推进基础研究成果的转化，提升

德国在世界科技中的竞争力。同时，加大对中小企业创新的扶持，促使其成为国家创新体系的重要部分。随着世界科技和经济全球化的发展，德国凭借强大的科技和经济实力，再次立足欧洲，跻身世界科技强国之列。

（二）经验做法

1. 持续教育体制创新，助推德国科学的繁荣和快速工业化

一是强制实行义务教育和推动中等技术教育发展。1825 年，普鲁士政府颁布的法令要求强制实行义务教育制度，普鲁士的学龄儿童入学率从 1825 年的 43%提高到 19 世纪 60 年代的 97.5%。在此基础上，德国境内的中等教育和技术教育也迅速发展，最终确立了包含 3 年职业教育在内的 12 年义务教育制度，为德国的工业革命预备了大量人才，加速了工业化进程。二是创新高等教育体制和教学模式。德国历史上最有影响的文化大臣威廉·冯·洪堡（Wilhelm von Humboldt）强调教学与研究相结合的思想，对德国高等教育体制改革影响最为深远。在柏林大学的示范带动作用下，德国越来越多的大学采用这种新型教学模式，教学与研究相结合的传统也逐渐形成，而这也正是德国现代研究体系形成的重要标志之一。德国大学逐渐在欧洲确立领先地位，并成为全世界公认的学术机构的楷模和科学研究中心。三是确立双元制教育体系。自 20 世纪 60 年代初开始，高等教育改革与双元制教育体系的确立对德国创新体系的影响最大。双元制教育体系是传统学徒制度与规范的学校教育相结合的产物，其改变了过去纯粹精英的办学模式，扩大了受高等教育的人口规模，丰富了人才培养形式，为德国各行业，特别是科学与工程技术领域培养了大量专业人才，总体上提升了劳动人口的素质，解决了科研后备力量不足的问题。德国重视发展职业技术教育并使之紧密联系经济发展的优良传统沿袭至今。

2. 质量立国，助力德国企业立足世界之巅

一是以大型企业为依托的工业实验室使技术创新迅速推广，转化为生产力。在世界各国中，德国企业率先建立起工业实验室，将科学研究活动制度化，逐步成为现代企业研究机构的典范，许多新发明都是在这些实验室中完成的。在化学工业的带动下，德国一大批工业部门相继兴起，德国也因此当仁不让地成为第二次工业革命最重要的中心之一。目前，德国80%的大型企业集团拥有独立研发机构。二是始终重视技术标准工作。德国建立了一整套独特的“法律-行业标准-质量认证”管理体系。在完善的法律法规的基础上，细化为数万条的行业标准，然后由质量认证机构对企业生产流程、产品规格、成品质量等进行逐一审核。企业通过获得认证来证明自身产品的安全性，比如德国著名的GS认证（Geprüfte Sicherheit，安全性已认证），获得了消费者与制造商的共同青睐。三是“工匠精神”造就“隐形冠军”。德国政府秉持质量第一的理念，引导塑造德国“工匠精神”，注重创新升级，将“德国制造”打造为当今享誉全球的高品质代名词和工业品牌。根据2016年德国联邦外贸与投资署（GTAI）公布的数据，德国99.6%的企业是中小型企业，提供了社会上60%的就业岗位（韩美琳，2021）。从国家拥有的“隐形冠军”数量看，目前世界上2734个“隐形冠军”中，德国占47%，达到1307家，是世界上“隐形冠军”数量最多的国家（邱石等，2021）。

3. 加速商品、资本和劳动要素流动，促进德国经济现代化

一是关税同盟为德国工业革命提供强大动力和根本保证。1833年，由普鲁士领导的德意志关税同盟组成，参加的各邦国订立了为期8年的关税协定。在境内废除关卡，取消消费税和国内关税的征收，宣布商品流转自由。1837～1844年，关税同盟先后与荷兰、希腊、土耳其、英国和比

利时签订了商业协定，同盟的国际地位很快得到巩固。关税同盟有效促进了国内市场的形成，加速了工商业的发展。二是全德铁路系统是带动德国工业化、现代化的主要载体。铁路建设对钢铁、机车等的需求大大刺激了德国钢铁、煤炭以及机器制造工业的发展。对煤炭的需求使煤产量急剧增加，1820 年德国煤产量仅为 120 万吨，1830 年为 140 万吨，1840 年猛增到 260 万吨，1850 年增至 670 万吨。与此同时，德国的冶金工业也得到了较大发展（邢来顺，1999）。19 世纪 50～60 年代，德国工业革命进入大规模的工业化阶段。三是推行国家资本主义提供优越的技术赶超环境。自 20 世纪 70 年代末实行保护关税政策以来，德国政府还采取特别措施，例如给予高利润的军事采购，实行出口津贴，制定专门法律扶持和加强垄断组织，凝成一个国家、一个民族的巨大竞争力，在国际市场上进行争夺和扩张。据统计，卡特尔组织在 1879 年有 14 家，1890 年超过 210 家，1905 年增至 385 家，1911 年猛增至 550～600 家（巫云仙，2013）。德国商品在全世界极具竞争力，30%以上的出口商品在国际市场上是独家产品（邝靖月，2015）。以 2018 年为例，德国的贸易顺差高达 2278 亿欧元，相当于近 2600 亿美元，是世界第一贸易顺差大国。

4. 前瞻务实的发展战略和路径，确保德国跻身世界科技强国之列

第二次世界大战后一度窘迫的经济和社会状况并未使德国放弃科技与教育优先发展的战略；相反，德国加强基础科学研究，促进技术进步，为经济重振和文化转型奠定基石，科学、技术和教育对经济增长的贡献得以显现。一是设立科研与教育一体的管理机构。在组织上，德国的科研与教育各部门之间及机构之间不是简单的条块分割式管理，而是采用了一套相对复杂的管理模式，科研与教育也被视为一个有机整体。联邦教育与研究部是一个统管全国教育与科研的政府机构，部长是联邦内阁的重要成员。德国教育与研究部的成立不是简单的名称与机构的合并，而是德国统一科

教体系的直接表现。二是多源的资助体系与“研究–教育–产业”的创新体系。德国资助研究的体系较为复杂，因为科研资助的形式多样，既有联邦的拨款，又有各州提供的资助，如德国学术交流中心、洪堡基金会等；既有企业、政府组织或慈善机构提供资金的基金会，还有欧盟框架协议等提供的资助。资金筹措渠道多，经费总量较为充足，而且几乎惠及德国的全部科研和教育机构，国际化是德国 R&D 投入的一大特征。德国 R&D 投入国际化增幅高于各国均值，而且境外 R&D 投入相对集中于新兴行业和德国的优势行业。西门子公司 R&D 的国际化非常突出，将近一半从事研发的雇员在境外工作。R&D 的国际化直接加强了德国企业的国际化程度，也更好地适应了全球化的进程。三是瞄准前沿的公立科研机构。经过数十年的发展，德国建立起一套行之有效且受世人称道的，以高等院校、公立或非营利性科研机构和企业创办的研发机构三部分为主的创新体系。从结构上看，德国科技创新体系呈金字塔形，从上到下依次为以亥姆霍兹国家研究中心联合会为主的战略导向型研究，以高等院校、马克斯·普朗克科学促进学会为主的创新导向型基础研究，以弗劳恩霍夫应用研究促进协会为主的技术导向型应用研究，以工业企业和私人研究机构为主的产品导向型应用研究。四是制定国家层面战略规划，重点发展面向未来的关键高技术。21 世纪以来，伴随着世界科技发展及全球一体化进程，德国科技政策适时调整为朝有利于高技术创新的方向发展，并利用国际大环境的资源和人才优势，有侧重地开展国际合作，对一些重点领域加强技术突破研究。2006 年德国联邦教育与研究部发布了“高技术战略”，在此基础上，德国分别发布了相应的升级版“高技术战略 2020：创意·创新·增长（2010）”和“新高技术战略–创新德国（2014）”。特别是“工业 4.0”战略，不仅成为德国科技和工业的新标签，而且迅速引领了全球范围内新一轮工业转型竞赛（中国科学院，2018）。

（三）政策启示

1. 健全发达的教育和人才培养系统是建设科技强国的前提

教育强是科技强的前提，教育既传递了科学知识、培植了科学精神，也培养了科学、技术和工程等领域的各类人才。世界科技强国的兴起和形成往往继发于世界教育中心。健全发达的教育系统重在融入培养创新精神、创新能力和创新人格的教育理念，重在研究型教育和职业教育的有机衔接。全面教育为德国培养了高素质的国民，高等教育给德国带来了创造和发明，智力成为这个国家最重要的资源。

2. 突出企业创新主体地位，打造健康的企业创新生态系统

德国创新系统最具特色的就是拥有一批具有强大创新能力的企业，企业研发部门在德国的创新体系中扮演了非常重要的角色。同时，德国非常重视系统配套体系、企业创新生态系统的建设。在“工业 4.0”战略中，德国提出不仅要重视发挥大企业的龙头作用，更高度强调如何使中小企业能够应用“工业 4.0”战略的成果来解决产、学、研、用互相结合和促进的问题。科技强国的企业创新不仅有传统的大公司，而且需要特别注重吸引中小企业参与，努力使中小企业成为新技术的使用者和受益者，同时也成为先进技术的创造者和供应者，推动跨学科、跨行业的创新生态系统的建设。

3. 消除市场壁垒，构建“以内促外”的新竞争力

现代经济是一个循环体系，涉及经济运行中的生产、分配、流通、消费等环节需要有效衔接从而保证经济平稳有效运行。19 世纪 30 年代中期以后，德意志关税同盟的建立和铁路交通网的建设有力地推动着德意志地区向经济一体化方向迈进，打破地区封锁和行业垄断，清除市场壁垒，促

进商品和要素在全国范围内自由流动，有效推动德国的工业化强国进程。

4. 完备的国家创新体系为德国研究与创新活动提供了持续的动能，也是建设世界科技强国的基础

德国之所以能在 19 世纪末 20 世纪初成为世界科学中心，能在两次世界大战后的废墟上重建并迅速跻身世界科技强国之列，主要得益于其建立了一套行之有效的国家创新体系及国家支持科技活动的机制，以其结构缜密、定位准确、分工细致而跻身世界强国之列。世界科技强国都在不同程度地根据时代发展特征调整、优化其国家创新体系，逐步加强科技界、产业界和社会各界的资源整合，促进形成各创新单元良性共生、创新活力竞相迸发的全面创新发展格局。由此产生的协同效应进一步推动了国家持续繁荣，巩固了世界科技强国在国际上的竞争优势。

五、美国建设科技强国的经验做法与启示

（一）历史演进

美国是当今世界唯一的超级大国，也是几乎在所有科学技术尖端领域都处于世界领先地位的科技强国。然而，这种领先地位并非与生俱来，而是经过漫长的过程和发展阶段逐步获得的，具有连贯的历史逻辑。

1. 美国统一以前已开启工业化进程

1776 年，美国从英国殖民地独立，成为一个年轻的国家。19 世纪上半叶，美国分别通过第二次对英战争（1812～1815 年）、美墨战争（1846～1848 年）摆脱了“外患”，不仅获得了大片土地，而且得以发展资本主义经济，为美国的工业化进程开创了良好的外部条件。美国通过颁

布专利法、成立专利局、重金诱惑等方式，不断从英国等欧洲国家招募技术人才、引进技术，鼓励本国人民对之进行改良并发明新专利。这一时期，借由技术改进，蒸汽船、收割机、电报机、印刷机、缝纫机、升降机、伐木机等实用发明源源不断地在美国产生，使美国人变得以“热衷于搞小玩意儿”而闻名于世。正是这种技术的不断引进和改良，为美国从农业国向工业化国家转变提供了技术支撑。

2. 利用第二次工业革命实现赶超

1865年南北战争后，美国实现统一，确保了工业资本主义在美国的统治地位，并开辟了经济高速发展的“狂飙”时期。19世纪70年代开始，第二次工业革命爆发[①]，主要发生在美国的电力技术革命带来了电灯、电话、电车、电焊机等重要发明，电力被广泛应用于各行业和生产部门，推动了美国各产业的技术改造；紧接着，20世纪初到第一次世界大战之前，工业生产线的发明使大规模生产成为现实，美国社会生产力得以极大提升。电力技术革命促进了美国经济的腾飞，使其成为世界头号经济大国，美国GDP在1894年首次超越英国成为全球第一，至今一直占据着全球GDP的首位。

3. 两次世界大战奠定强国地位

第一次世界大战期间（1914～1918年），美国一开始持中立不参战的态度，通过出口战争物资和向参战国贷款的方式来获取利益，使得美国能够“专心”发展国内经济并壮大科技实力。虽然美国参战时间较晚且短，但是仍然很有远见地发展军事科技，建立国家航空咨询委员会（即后来的美国国家航空航天局）和海军咨询委员会，用以开发航空技术和保障国家

① 本书认为，第二次工业革命包含第三次和第四次技术革命，其中第三次技术革命主要是电力技术的应用，带动了钢铁和重工业的发展；第四次技术革命主要是生产线技术的应用，带动了石油和大规模生产方式的发展。

安全。第二次世界大战期间（1939～1945年），美国被迫“过早”参战，在国家安全压力之下不断加大军事科研支出，大规模组织动员全国科技力量，大搞军事开发，并源源不断地从德国等地挖掘科研人才。这个时期，许多对后世产生重要影响的科技成果得以产生，等到战争结束之时，美国已在科技实力上超越了欧洲国家，夺得了科技领域的全球领先地位。

4. 冷战促使成为唯一超级大国

冷战开始后（1947年），美苏对抗日益激烈，科技竞争达到白热化程度，许多重大科技成果以空前的速度产出。美国相继策划并实施了“阿波罗”登月计划、星球大战计划、人类基因组计划等重大国家科学计划，在太空科学、军事科学、生物科学等领域均取得重大进步。这一时期，许多军用技术被源源不断地转往民用领域，催生了一批包括微软、英特尔、超威（AMD）、高通（Qualcomm）等在内的世界科技巨头，并使美国引领了以信息和通信技术为代表的第五次技术革命[①]，个人电脑、大规模集成电路、互联网等影响深远的重大技术即在这个时期诞生。1991年苏联解体、冷战结束，世界两极格局崩溃，美国成为世界上的唯一超级大国。

5. 科技实力持续保持世界第一

冷战结束后，美国迅速对国家科技政策进行调整，把“用技术促进经济增长”确立为新的发展方向，并试图在科学方面保持所有科学前沿的领先地位。自20世纪90年代至今，美国不断确立优先发展的科技领域，给予持续的强力投入，争取重大突破，先后实施了一系列科技研发计划，包括“信息高速公路”计划、生物技术战略计划、国家纳米技术计划、新能源计划、大数据研发计划等。特朗普（Trump）政府继续加码，试图重建太空全球主导地位，2020年又制定《月球持续探索与开发规划》，将载人

---

① 也是第三次工业革命的开端，我们现在仍处于第五次技术革命的周期内。

登月再次提上日程，并计划在21世纪30年代登陆火星。总之，美国对科技的重视和支持程度从未消减，强大的科技实力维护了其世界霸主的地位，将科学技术称作美国的立国之本毫不为过。

（二）经验做法

我们可以看到，美国的崛起在长达两个多世纪里是连贯和持续的，没有出现大起大落，直至成为全球唯一超级大国，其中有许多经验值得我们借鉴，其中最成功的几点如下。

1. 科学队伍建制化

1945年，美国发布《科学：无尽的前沿》报告（又称"布什报告"），首次系统地阐述了政府"为什么"和"做什么"来支持科学发展的问题，形成了"政府只有支持科学的责任，而没有干涉科学的权力"的学界共识。该报告还建议形成大学做基础研究、政府出资资助大学和工业研究、吸收科学家作为政府顾问、设立国家科学技术基金会[①]负责基础研究资助工作等科研格局。

自《科学：无尽的前沿》发布后，美国率先将科学队伍建制化，形成了正式的科研体系和规范化的科研队伍，逐步构建了由联邦科研机构、大学、企业、非营利科研机构四大创新主体组成的国家创新体系，以国家目标和解决人类面临的共同问题为导向的"大科学"与以自由探索为导向的"小科学"协调发展，其中国家实验室是联邦科研机构的重要组成部分，也是目前世界上最大的科研系统之一。这引起世界各国的纷纷效仿，迄今各国的科研体系大都是模仿美国的做法。可以说，美国开创了科学队伍建制化的先河。由此可见，一国政府的科研制度设计对科研事业的发展有着

① 2020年，美国国会提案将美国国家科学基金会更名为国家科学技术基金会，增设技术局并大幅增加资金投入，目的是确保美国在技术创新方面的领先地位。

至关重要的影响。

在美国的建制化科研体系中，最重要的是国家实验室体系，也是美国最重要的国家战略科技力量，始于曼哈顿计划，并于第二次世界大战后大量成立，是目前世界上最大的科研系统之一。美国国家实验室主要围绕国家使命开展基础性、前沿性和战略性研究，目的是从事高校、企业以及非营利机构不能或不愿承担却又是国家战略需求的研发活动。美国的国家实验室主要由能源部、国防部、国家航空航天局等部门管理和资助。其管理模式多为“联邦所有、委托单位负责”（GOCO），少数采用“联邦所有、联邦负责”（GOGO）。GOCO 主要依托非营利组织（主要是 FFRDC[①]）、大学、企业来进行管理（图 4-1）。在研究领域，大学型实验室主要从事基础研究，工业型实验室主要从事应用研究，非营利型实验室主要从事应用研究和试验发展。联邦政府还设立有面向技术转移机构的联邦实验室联盟，旨在促进实验室的技术转移和成果转化（秦铮，2022）。

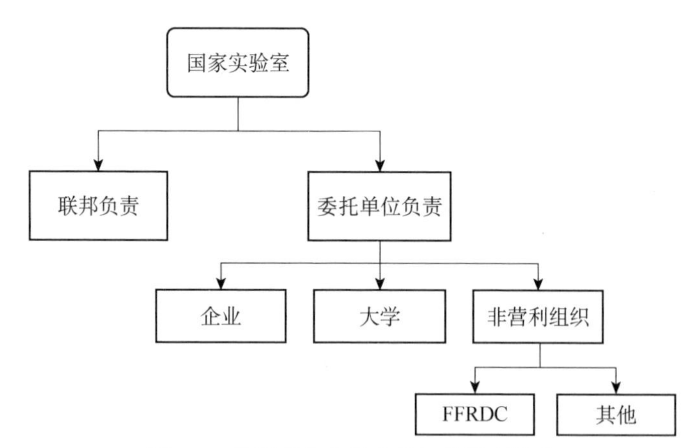

图 4-1　美国国家实验室的运营管理模式

资料来源：本书作者绘制

① FFRDC（Federally Funded Research & Development Center），即联邦政府资助的研究与发展中心，是几乎不受联邦政府干预的私营实体，管理上鼓励学术自由，建立并保持由受过高等教育的顶尖科学家组成的稳定研究团队。通过 FFRDC，联邦政府能够获得可靠的技术、采购和政策方面的指导，以配合利用工业集团持续制造产品和提供必要的服务。最著名的 FFRDC 即美国兰德（RAND）公司。

2. 引进和培养科技人才

美国的科技人才来源包括人才引进和本土培养两种方式，不同时期的侧重点不同。在人才引进上，主要包括三种方式：一是科技移民，采取宽松的移民政策吸引人才涌入美国，科技移民配额最高时达总移民数的50%，高端人才帮助解决家属移民和生活问题，增强人才稳定性；二是留学生培养，建立严格的精英留学生制度，留学生人数占全球的1/3，借助优良的高等教育系统和宽松务实的科研氛围，留学生往往被培养成顶尖人才并留美工作；三是科研合作，与70多个国家和地区签订800多个科技合作协议，通过项目合作、短期访学、学术交流等方式吸引大量科学家、学者和研究人员到美国从事研究工作。

在本土培养上，最先兴起的是技术性教育，南北战争之初，为促进工农业生产，提高劳动生产率，美国颁布《莫里尔法案》，鼓励各州兴办农工学院，培养工农业技术人才。随着第二次工业革命在德国的兴起，美国意识到科学研究的重要性，开始创办以约翰斯·霍普金斯大学为代表的研究型大学，首创研究生教育，开设研究生院，将本科生与研究生教育分开，严控本科生升学率及博士学位授予比例，培养了第一批高素质科学人才。第一次世界大战和第二次世界大战期间，大批欧洲流亡科学家涌入美国，加之美国积极备战大搞科学研究，促使美国的科研水平和研究型大学迅速崛起。时至今日，美国仍以世界最前沿的科研实力和数量最多的一流大学而闻名全球，培养出了规模庞大的科技人才队伍，本土人才占全部人才的比例超过70%[①]，本土培养成为美国人才的最主要来源。

这里尤其值得一提的是，美国的科研环境对科学家和研究人员具有较强的吸引力，其主要吸引力表现为以下几个方面。第一，科研资金充足。研发经费位居全球第一，其中最具特色的是民间基金会，其资助形式灵

① 指的是美国所有高校教授（包括副教授、助理教授）中白人教授的占比。

活，部分基金专门资助政府部门不予资助的项目，且对研究方向不设限制，对创新具有极大的激发作用。第二，实验室条件成熟。科研仪器、试剂完备且质量精良，具有便利的使用条件，无须在仪器购买、配备、协调沟通上耗费时间，可以把精力完整投入科研工作。第三，宽容失败。具有浓厚的科研氛围和宽容失败的科研环境，相信绝大多数科学家具有良好的科研道德，只要不是主观不努力因素造成的，科研项目即便失败其资助也算成功，这极大地保护了科学家的积极性。第四，科研评价合理。科研成果评价方法多元，既有机构评价，又有社会评价、同行评价、自我评价等，注重数量和质量相结合。第五，信息透明度高。只要不涉及国家机密，一切项目都会将其阶段性研究成果以摘要的形式刊登到相关网站上，使同行能够及时了解最新的科研动态，并避免不必要的重复研究。第六，关注年轻人成长。给予年轻人足够宽松的工作条件和科研要求，鼓励他们自由创新，这对世界各地的年轻科研人员尤其是留学生具有极大的吸引力。

3. 军民科技一体化发展

第二次世界大战和冷战期间，由于战争和国防的需要，美国把主要精力集中于国防科研和军事技术开发，军方大量资助科研项目并直接服务于军事战略，其研究策略几乎是“不计成本”的。由于动用了空前规模的科研人员队伍和科研经费[①]，一些大型的研究计划得以实施，并产生了大量先进的科技成果。可以说，第二次世界大战期间军事科技的发展是美国科技力量发生变化的转折点。冷战后期及冷战结束后，美国一方面继续加大军事研究，另一方面积极把军事科技转向民用领域，原来军民分离发展的局面转变为军民两用融合发展，带动了一批世界级高科技企业的发展，奠

① 比如著名的曼哈顿计划，历时 3 年，耗资 20 亿美元，汇聚 15 万名科技人员，最终研制出了原子弹。

定了美国在全球前沿科技领域的雄厚地位。

总体上，美国采取了“军用科技—军转民—军民一体化”的发展路径，其主要经验：一是以国防需求为契机，以军事任务为导向，先行发展军事科技，并通过售卖武器获取利润；二是发展“大科学”，以举国之力实施大型研究计划，由国家组织、统筹、规划和协调，建立相关管理机构；三是组建技术转移办公室，跟踪监控军用领域的科研动向，评估其商业化应用潜力，并最终帮助推动科技成果从国防部转向私营部门；四是扶植小企业，通过接连实施小企业投资公司计划、小企业创新研究计划①、小企业技术转移计划等，鼓励小企业参与军事科技研发活动，帮助军事技术通过大量小企业的参与从实验室走向商业化，一些小企业（如英特尔）借机成长为世界级科技领军企业。

4. 打造硅谷科创中心

硅谷是全球著名的科创中心，以不到美国1%的人口，创造了美国约5%的GDP，各大知名科技企业数不胜数，是全球诸多先进技术和高科技产品的重要发源地，在世界科技前沿具有风向标作用。硅谷之所以能够崛起并始终保持生机，其首要经验在于高校的源头供给。早期的斯坦福大学为硅谷提供了源源不断的技术人才和企业家，20世纪40～90年代，由斯坦福大学的毕业生和教师创办的企业达1200多家，有50%以上的硅谷产品来自斯坦福大学校友，美国第一家科技工业园也由斯坦福大学建立；80年代围绕斯坦福大学研究区，硅谷聚集了3000多家电子、计算机企业；到90年代后期，这类企业超过了7000家；1988～1996年硅谷50%以上的收入与斯坦福大学有关，可以说没有斯坦福大学就没有硅谷。

其次在于独特的风险投资。投资人往往具有科技背景，对科技具有全

① 参与小企业创新研究计划的小企业，必须提供有潜在军事应用前景且在民用部门也有销路的两用技术。

面透彻的了解和远见卓识，可以确保将资金投于极具创新和成长潜力的企业身上；投资双方相互了解程度较深，投资人不仅带来资金，而且为被投资企业带来发展指引；成功的企业大多倾向于投资其他初创企业，以不断掌握新技术动向，确保始终走在创新最前沿；由于开放和非正式的社交网络，投资人往往能够更好地从被投资人和技术角度去判断一次投资失败的原因，从而判断是否进行再次投资以及如何提高再投资成功率，形成一种失败再投资机制。

最后是开放创新的环境。硅谷提倡开放创新和自由交流，鼓励人才自由流动，人们在喝咖啡、吃甜点的空隙便可认识其他企业的员工，非正式信息就这样聚集、加工和传播，从任何一个节点都可迅速触达整张信息网络，从而使得地区整体的创新始终保持在较高水平。开放、互动、非正式的交流文化产生了企业的去中心化管理，员工因为强烈的兴趣而结合在一起实现自己的梦想，变换工作不被认为是一件可耻的事情，大的流动性降低了技术人员和企业家的失败风险，技术人员不必担心技术失败遭遇辞退而没有收入，企业家也不必担心失败而没有归处，因为工作总是在某处等候新人员的到来。

（三）政策启示

1. 培养体系化能力

美国最早在世界上建立了完整的国家创新体系，并发展出国家实验室体系，这对于其重大项目攻关、关键核心技术突破，以及科学前沿引领起到了重要的支撑作用。因此，我国必须重视科技创新的体系化能力建设，以国家实验室建设为核心，打造国家战略科技力量，整合各方面资源，从横向科研力量建设到纵向创新链能力提升，进行全面梳理和优化，形成新的科技创新发展模式，促进科技自立自强。

2. 重视人才

美国之所以能建成科技强国，其最本质的依赖是人才，无论是在崛起过程中，还是在科技赶超和强国建设中，人才都发挥了最重要的作用。美国先是引进人才、挖掘人才，再慢慢演变为培养人才，在培养能力成为世界最强之后，依然重视挖掘和吸引国际人才。这给我们的启示是：我们必须改革自己的人才培养模式和人才引进制度，要善于抓住国际局势变迁的机遇，从全球搜罗人才。同时更重要的是，改革教育、科研环境，培养出真正的人才并留住人才。尤其是在迈入科技强国建设新征程的历史背景下，这一点显得最为紧迫。

3. 打造科创中心

一个硅谷的成功，就给美国带来巨大的经济效益与社会效益，如果我们能打造若干类似硅谷一样的创新城市或城市群，那么必将极大地激发我国的创新活力，带动经济社会高质量发展。因此，未来我国的科技发展必须大力建设科创中心和创新高地，以此为契机打造中国科技发展新名片，争取在世界科技潮流中发挥引领作用。在此过程中，应注意不仅要学习硅谷等科创中心的成功经验，更要警惕和规避其不成功的做法，避免原搬照抄，误入歧途。

4. 提升消化吸收能力

美国以“热衷于搞小玩意儿”而闻名于世，这实质上是一种强大的技术消化吸收能力，正是这种能力使美国积淀了深厚的技术基础，为科技反超做好了充分的准备。反观我国，技术消化吸收能力严重不足，2018年，我国规模以上工业企业“技术引进”与“消化吸收”的投入费用比例为5.1∶1，而同期日本、韩国的相关费用比例为1∶3，部分环节甚至达到1∶7。因此，我们必须更加重视技术的消化吸收能力建设，从提高消化吸收费用投入到编制消化吸收技术清单，多角度发力，尽快实现从技术引进到自主创新的跨越。

六、日本建设科技强国的经验做法与启示

（一）历史演进

明治维新开启了日本向欧美学习的“全盘西化”之路，日本从明治维新时期由政府主导全面学习西方近代科学技术和体系，第二次世界大战后到20世纪70年代“贸易立国”下的民用技术引进战略，20世纪70年代到90年代美日贸易战下的“技术立国”，再到泡沫危机后确立“科学技术创造立国”战略，通过科技发展带动经济转型，国家科技与经济实力不断增强，一度成为世界第二大经济体，从落后的农业国到跻身世界发达国家与世界科技强国之列，日本的许多经验和做法值得我国借鉴。

1. 20世纪40～70年代，日本政府采取“贸易立国”战略，科技战略也以技术引进为核心

围绕钢铁、电力、煤炭和造船等重点产业大量引进国外先进技术，电力机械、加工机械、化学、钢铁部门的技术引进数量占技术引进总量的70%以上，到1960年引进技术对日本工业产出的贡献率达到了11%。20世纪50年代，企业以技术引进的方式，直接购买外国设备和图纸进行生产，60年代后企业大量设立中央研究所，引进外国专利技术，进行分析、改造、再出口。经过消化、改良和吸收后逐步成为日本的技术，将产品改良出口赚取外汇，并将外汇进行有效投资与设备生产，从而实现国内产业的不断合理化。

2. 20世纪70年代后期到90年代，科技战略调整为“技术立国”

随着贸易自由化和全球化的不断发展，1972年日本就已成为世界第二大经济体，对美贸易顺差规模逐渐增大，最高时占到美国贸易逆差的65%。日美贸易摩擦也逐步升级，摩擦的领域从纺织品逐渐扩大到钢铁、家电、汽车、半导体、电信等。日本积极寻求科技发展新思路，科技政策进入了调整期，并于1980年确立了“技术立国”的科技发展战略，提出要加强基础科学研究，培养创造性人才，提高自主技术开发能力，进一步提高日本的国际竞争力。

3. 20世纪90年代到21世纪初期，日本的科技发展战略为“科学技术创造立国”

面对人口老龄化、产业空洞化、赶超战略效力衰退和日益蓬勃的国际科技发展，日本意识到要完全摆脱技术引进与模仿，向未开辟的科技领域挑战，最大限度地发挥创造性，开发领先于世界的高技术，才能从一个技术追赶型国家彻底转变为技术领先型国家，“科学技术创造立国”战略应运而生。

（二）经验做法

1. 调整和完善科技治理体系，支撑科技战略实施

进入21世纪，日本将“科学技术创新立国”确立为科技发展战略。由此，日本政府在科技治理体系上进行了一系列调整。2001年，日本中央政府将原本主要作为首相咨询机构的“科学技术会议”（CST）改组为具有科技预算与计划的制定、重大科技项目评价、协调各政府部门科技行政的“综合科学技术会议”（CSTP），使日本国家层面的科技发展有了明确且具备统一指挥功能的“司令塔”。2014年，CSTP被赋予推动“科研

成果实用化形成的创新”这一职能，并改组成为“综合科学技术创新会议”（CSTI），被指定为四大政策会议之一，由内阁总理大臣领导，科学技术政策担当大臣直接负责，会议的规模和权威都得到了很大程度的提升。同时，日本政府对各个部门及其下属机构进行了压缩，将中央22个部门压缩为13个，特别是将文部省和科学技术厅合并为文部科学省，改变了学界和研究机构之间的竞争模式，增进了两者之间的技术交流，促进了基础研究的发展，使得产学研更加紧密地联合在一起。

同时，日本将国立机构（如国立大学等）的性质改变为“独立行政法人机构”，提升了大学和科研机构的科研自主权，提高了科研人员的流动性，为科研活动注入了活力。对《科学技术基本法》进行了调整。2020年3月10日在内阁会议上通过了《科学技术基本法》修正案，《科学技术基本法》更名为《科学技术创新基本法》，在目标和方针等方面，凡是有科学技术振兴或科学技术进步的内容，都在“科学技术”后面增加“创造革新技术”的字样。

2. 保持研发投入快速增长，推动产业转型升级

日本走世界科技强国的路径，离不开大量代表先进生产力的科技创新投入。一方面，在追赶时期，日本在继续引进海外技术的同时，加大国内研发投入，研发投入GDP占比快速提升，1981年就达到了2%，1987年就超过了2.5%（图4-2），加速了产业转型，提高了产业自主创新能力，支持引导电气机械等技术密集型产业加快培育；另一方面，即使是在经济低迷时期，日本的研发投入依然保持较快增长，尽管没有在经济规模上带来明显变化，但在经济结构调整上带来明显改善，经济效益显著提高。例如，1994～2019年，日本的名义GDP基本上变化不大，但日本的研发投入GDP占比不断提高，在2002年超过3%，处于世界领先水平，在发达国家中也名列前茅。在经济结构上，伴随日本房价下跌的是建筑投资占

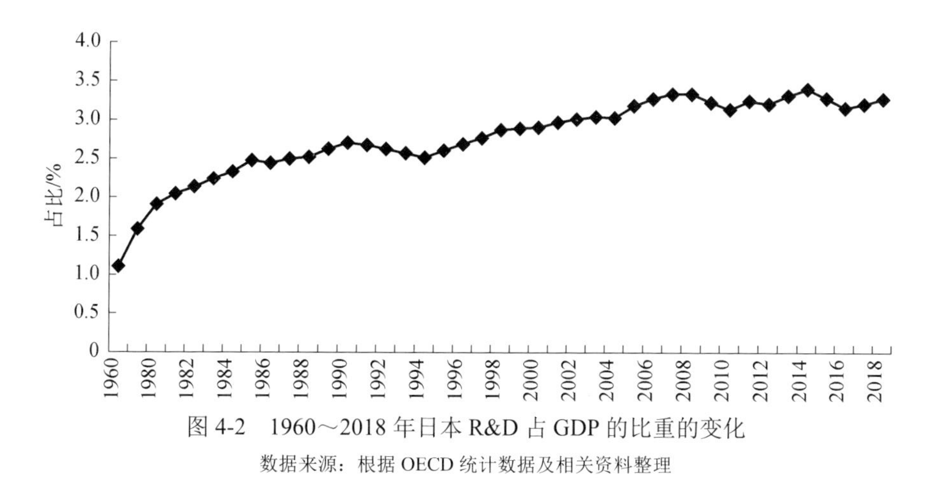

图 4-2 1960～2018 年日本 R&D 占 GDP 的比重的变化

数据来源：根据 OECD 统计数据及相关资料整理

GDP 比例的下降，从 1994 年的 15.7%降至 2019 年的 11.4%。与此同时，高科技行业占 GDP 的比例则在上升，从 1994 年的 15.1%上升至 2019 年的 19.4%。日本企业完成了从劳动密集型向技术密集型的转变，高附加值的产业被重点发展，高端制造业居于世界领先地位。以被称为“制造之母”的 PCT 机床为代表，日本的 PCT 机床专利数量占世界总专利数量的比例从 1985 年的 10%上升到了 2019 年的 20%，稍低于中国和美国，远高于德国、韩国、法国、英国等国。

3. 加强国立科研机构建设，强化科研的集中攻关优势

日本国立科研机构是国家科技体制的重要组成部分，日本各省、厅的职责设立，代表了日本的科学技术水平，是实现国家战略目标的主要力量。这些国立科研机构所掌握的技术是日本产业技术的核心和基础，是日本最有实力的研究力量，在日本战后重建、产业技术振兴中起到了极其重要的作用。日本的国立科研机构成形于 20 世纪 50 年代，一般为各省、厅管理下的非独立行政法人，运行模式带有浓厚的行政管理色彩，各省、厅的科研管理部门对科研项目、人事、财务、预算等有严格限制。为了改革原有科研机构管理体制的弊端，1999 年日本制定了《独立行政法人通则

法》，公共国立科研机构从所属的主管省、厅剥离出来，逐步转变为相对独立运行的独立行政法人，在行政管理、重大决策等方面有较大的自主权。2013 年日本内阁提出建设全球最先进的新型研究开发法人制度，2015 年正式实施《独立行政法人通则法》修正法案，设立国立研究开发法人。

国立研究开发法人主要面向日本长期科技发展战略目标，开展基础技术和共性技术研发。在职能定位上实行中长期目标管理，建立由研发审议会、主管大臣和研发法人共同组成的中长期目标规划体制。在管理体制方面，实行法人代表负责制。研究机构理事长为法人代表，全面负责经营和管理。除理事长和监事由主管大臣任命外，机构有自主决定内部机构设置、人事任免、财务管理等的权力。在资金来源方面，政府以稳定投入为主。政府投入大概占机构资金的 70%。同时鼓励社会投入，资金预算监管一般采取企业会计制度。以产业技术综合研究所（AIST）为例，其实行独立行政法人制度，既不是政府机构又不是民间企业，而是独立于政府之外的法人科研机构。其主要做法：一是中期目标管理概念的导入和评价。由主管大臣制定 3～5 年的中期目标，研究所根据此制订详细的中期计划。对于达成情况，由外部委员构成的独立行政法人评价委员会进行客观评价。二是财务上的弹性化。导入企业会计原则，允许内部资金保留和流通，组织内的研发经费不受会计法及国有资产管理法的限制，可以跨年度递延使用。三是组织、人事管理的自律性。组织内无固定编制的科研人员限制。负责人归最高行政长官（即理事长）一人直接领导，业绩必须经受第三方评估委员会的全方位评估（未达标者予以免职）。组织内所有职员实行全员工资浮动制（包括理事长）。四是通过公开信息确保透明化。积极地公开财务、业绩、组织等独立行政法人运营相关的事项。

4. 推行高水平教育，提升人力资源素质

日本持之以恒地厚植人力资本，建立健全国民教育体系。普及基础教

育，积极发展中等和高等职业技术教育，建设一批高水平的研究型大学，不断提高全民科学文化素质，大力培养创新型人才。日本通过“文化开化”，学习西方的科学技术、文化教育和生活方式，改造国民观念，促进封建社会向资本主义社会的转变。在工部省组建过程中设置了一所隶属工部省的工学寮（后来的工部大学）。聘请国外教师直接进入大学任教，为日本带来现代化的科学技术和教学模式，为培养本土科技、管理人才奠定了坚实基础。日本政府十分重视通过教育培养科技人才。1957 年日本在《科学技术者培养扩充计划》中提出 1958～1960 年增加 8000 名理工生，在《关于振兴科学技术教育的方针策略》中又强调发展基础教育和数理学科。为促使科技人才与产业发展需求有机结合，日本提出了《关于振兴科学技术教育的意见》，把产学合作列入科技教育的具体措施中，形成了以企业为主导力、以教育为依托的产学研相联合的创新模式。

5. 深化产学研合作，促进科技成果转化

日本政府从立法、体制改革和组织保障等不同层面推进产学合作体制、机制规范化建设，使日本的产学研模式日臻成熟。1971 年，科学技术厅开始组织技术预见；1976 年，政府开始组织开发超大规模集成电路技术；1977 年，政府规划并加大了对原子能技术的研究与开发力度；1984 年，日本科学技术会议正式确立产学政多方科技合作体制。相继出台了《关于促进大学等的技术研究成果向民间事业者技术转移法》《产业技术力强化法》等一系列法规、政策，鼓励学界和产业界之间进行技术流通与转移，允许大学教师到企业担任管理职务，为企业和大学搭建了交流的桥梁，同时也为大学研究注入了民间资本，开拓了资金来源。2017 年日本内阁会议出台《科学技术创新综合战略 2017》，提出要优化产学政协作以推进开放式创新，要求企业、大学、公共研究机构在提升各自竞争力的同时，要加强人才、知识和资金的流动性，营造易于创新的环境，集结产学政的资源，形成有机合作、协同创新的阵地。

日本成为世界科技强国的秘诀在于实施了适应时代特征、符合发展规律的科技发展战略，明确了日本建设世界科技强国的实现路径。适应经济发展的阶段性变化和国家目标的调整，日本的科技政策也相应经历了几次调整，从“贸易立国”到“技术立国”再到“科学技术创造立国”。通过一系列科技发展战略的调整，日本实现了从经济导向到科技引领创新的转变。

（三）政策启示

1. 因时因势制定科技战略，指引发展路径的选择

2020 年我国的中央经济工作会议指出，科技自立自强是促进发展大局的根本支撑，是未来我国科技发展的战略指引。迫切需要围绕科技自立自强战略，完善科技治理体系，将科技战略落实落地。

2. 保持战略定力，保障科研投入稳定增长

将科技投入作为国家战略性投入，保证持续增加科技投入，确保科技创新在国民经济社会发展中居于引领性、关键性、全局性的战略地位。

3. 探索新型国立科研机构运行机制，加强国家战略性科技力量建设

强化服务国家目标的战略职能，开展需求导向、问题导向和目标导向的重要基础研究、战略高技术研发和重大公益研究，突破关键核心技术，保证战略技术供给。同时加强机构自治，完善内部管理机制，激发创新活力。

4. 加强科技与教育深度融合

完善全民教育，培育全社会科技创新文化氛围，为建设世界科技强国

提供智力资源保障。

七、俄罗斯和以色列建设科技强国的经验做法与启示

俄罗斯和以色列都属于后来发展起来的“单项冠军”模式下的科技强国。俄罗斯的特点是军民融合成为建设科技强国的基石。以色列的特点是“小国家大创业”，具有“中东硅谷”“创业国度”的美誉。从建设与发展路径来看，两国都有很强的政府主导特点。以色列的创新创业发展路径，从吸纳犹太人回归、引进全球高端人才到持续加大基础教育投入以及启动国防精英培养计划，为创新创业提供人才支撑；从加大政府研发投入、网络化的孵化器到引进风险资金，为创新创业提供资金支撑；从制定创新法律法规、完善科技管理体制到创新主体快速发展，为创新创业提供良好的制度生态环境。

（一）俄罗斯建设世界科技强国的建设路径与经验启示

俄罗斯作为世界军事科技强国在军民融合方面拥有丰富的经验和成效，总结其在发展国防科技、推动军民融合方面的发展路径和主要经验，可对我国建设世界科技强国提供借鉴。冷战结束后，俄罗斯经济震荡使得其国防科技产业在体制转型过程中面临巨大困难，严重影响了国防科技工业发展。在这一背景下，俄罗斯逐渐探索出“先军后民，军民结合”的发展模式，实行国防科技工业企业一体化，大力推进和发展军民两用技术，重新确立俄罗斯的国防科技强国地位，振兴了国内经济发展。在军民融合方面，俄罗斯的特色做法主要包括以下几个方面。

1. 打破军民隔离状态，开启先军后民模式

俄罗斯军转民的发展阶段总结如表 4-1 所示。

表 4-1 俄罗斯军转民的发展阶段

时间	俄罗斯军转民的发展阶段
1992～1994 年	“雪崩”式军转民阶段
1995～1997 年	渐进式调整阶段
1998～2000 年	国防军工综合体重组阶段
2001 年至今	深化一体化阶段

一是国防工业陷入危机，开展军转民是最佳出路。苏联解体后，俄罗斯继承了苏联大约 70%的国防工业企业和 80%的科研生产能力。但随着冷战结束带来的军费大幅度削减、武器装备订货量锐减，俄罗斯国防工业的处境非常艰难，生产规模过剩，轻、重工业比例失调问题突出。1992～1994 年，俄罗斯为加速军转民进程，采取“雪崩”式做法，把军工企业全面推向市场。由于缺乏系统的全盘性考虑，加之改革力度过大，此次改革并未取得预期效果，军用市场和民用市场都受到了严重影响，俄罗斯国防经济陷入危机。据统计，俄罗斯 1700 家国防工业企业在第一年被迫转产的就超过了 650 家，转产比例达 38.2%，而西欧国家普遍推进军转民的速度保持在每年 3%～5%（张艳阳，2003）。

二是权力下放地方，以武器出口带动军转民技术转移。为此，俄罗斯于 1995 年放弃了全面军转民的战略，进入渐进式调整阶段，开始“以武器出口带动军转民发展”，并设立《俄罗斯联邦国防工业军转民法》，保障国防工业转型。虽然苏联解体后，俄罗斯失去了东欧、中亚等重要的军火市场，但武器出口仍然是俄罗斯对外贸易的核心领域。通过武器出口获得的资金有 60%～70%回流到国防工业企业中，这为军转民积累了大量资金，在相当程度上缓解了其资金短缺的局面，加速了俄罗斯军转民技术改造的进程。可以说，在资本融资并不发达的情况下，以武器出口带动军转民是符合当时俄罗斯国情的发展方式。

三是打造国防军工综合体，提高企业竞争力。普京（Putin）执政后，吸收了完全国企私有化不符合俄罗斯国防经济发展的经验教训，实施国防工业一体化改革模式。首先，强调集中国家资源，将有限的国家资源集中分配到核心领域，即对部分核心企业保持完全国有化或国有控股，而对其他国防工业企业允许私营资本的进入。其次，在改革过程中加强以市场机制为引导，逐渐建立国有化的超大型集团，将国防工业品的设计、生产、销售、进出口等部门联系起来。通过一系列举措，俄罗斯扩大了国防工业企业的经营自主权，加速了科技成果转化，实现了技术上的优势互补。在进行所有制改革的同时，也逐渐形成了国有化与私有化并存、国家集团作为龙头企业引领发展、军民生产集团内部化的军民融合态势。

2. 自上而下多层推动军民融合

俄罗斯从国家安全战略、军事学说、军事战略等方面，均明确提出加强军民融合。一是从国家安全战略层面提出要统筹国防和经济等各个领域建设，在国家战略层面确定军民融合的重要性；二是以总统令形式明确提出要积极推进军民融合工作，以落实军民资源共享和军民技术双向转移；三是在重要领域的战略性文件中明确提出军民融合的原则及要求，进一步落实军事学说与总统令，强势推进军民融合。

一是制定和完善相关政策法规，保障军转民稳步推进。俄罗斯政府针对早期军转民过程中出现的各种问题，明确了军转民的原则、方向、重点、步骤，并制定了相关法律和政策。在军转民的原则方面，在保证拥有足够防御能力、保证军事订单的基础上，确定军转民的总体规模。在军转民的方向上，研制和生产在国外市场上有竞争力的技术密集型产品，特别是军民通用技术产品；所开发的民品要有足够大的市场空间，以保证可在一定年限内收回军转民投资。确立了 12 个重点发展领域，包括民用航空、航天、火箭技术、民用船舶制造、光学仪器、化工、新材料、新工艺、电子技术、信息与通信系统、医疗仪器、设备和技术等。

二是组建军民协调机构，为军民融合提供组织保障。自 2012 年起，俄罗斯组建和完善了若干军民统筹协调机构：一是建立协调军民融合的最高机构——联邦安全委员会；二是赋予俄罗斯军事工业委员会组织协调国防工业政府主管机构和国防部装备采办管理机构的职能，同时，负责军民相关重大决策的协调和仲裁；三是俄罗斯工业与贸易部组织成立跨部门军民两用高新技术创新与转换中心。

三是搭建信息交流和服务平台，实现国防信息的深度融合。俄罗斯通过门户网站和电子终端等信息平台，发布相关信息，为军民双方合作提供便利。一是建立多种类型的信息服务平台发布军方信息，例如，在俄罗斯国防部、《红星报》、总统网等官方网站都可免费查阅与装备建设和国防订货相关的法律法规、总统令及部门规章；二是建立统一的科研和设计工作信息数据库，促进俄罗斯国防与国民经济建设各领域的信息互通，全方位提高俄军民高科技成果的应用能力。

四是组建金融工业集团，利于军用技术民用化。俄罗斯对金融支持军转民的探索，主要发生在俄罗斯实行市场经济后。普京执政后，俄罗斯继续推动国防工业的股份制改造，并建设了金融工业集团。2007 年，俄罗斯议会颁布《俄罗斯技术工艺集团法》，旨在通过组建俄罗斯技术公司来满足军转民的资金融通问题，以支持国防工业企业能够获得充足资金进行高科技产品研制、生产和出口。俄罗斯希望建立以军工设计局、生产企业和配套企业为主体，同时吸收金融机构、外贸部门和信息中心加入的金融工业集团，按照自筹资金、自负盈亏、自主经营的原则开展各项经营活动，在承担军品任务的同时，能适时将军事成果转化为民用产品。

总体来看，俄罗斯国防工业走的是从“军工优先”到“军民融合”的发展道路，军转民从全面失败到重组再到一体化的阶段性历程，使得俄罗斯逐步探索出了符合自身国情的军民融合发展战略，也取得了一定的改革成效。虽然俄罗斯目前整体的科技实力排名已不复当年，但在国防科技和某些基础研究领域仍然保持世界领先地位。随着青年科学家的兴起以及经济的加速振兴，俄罗斯建设科技强国的道路充满希望，科技发展潜力不可低估。

（二）以色列建设世界科技强国的建设路径与经验启示

以色列地处亚洲西部，地中海东岸，资源匮乏，地域狭小，管辖国土面积仅有2.57万平方公里。根据世界银行数据，2021年以色列人口为936.4万，约占世界总人口的千分之一。但这个人口与地理上的小国却是世界创新创业的“超级大国”，为世界贡献了20%的诺贝尔奖获得者，人均拥有创新企业数量位居世界第一，在美国纳斯达克上市企业数量位于美国、中国之后，超过欧洲所有企业的总和，享有“中东硅谷”“创业国度”的美誉。

1. 培养人才作为创新创业的源泉

人才是创新创业的根基，以色列给予人才培养和人才发展高度的重视。

一是大规模教育投入，培养创新创业人才。以色列在建国初就制定《义务教育法》，规定5～16岁的儿童必须接受免费的义务教育。2001年，以色列将义务教育范围扩大到3～18岁。世界银行数据显示，20世纪70年代中期以来，以色列教育经费支出占GDP的比重长期维持在8%左右，2000年以来以色列的该比例保持在6%左右。目前，以色列25～60岁人口中具有大专以上学历的比重达到45%（法国、日本约为25%），每万名就业人口中约有140名科学家和工程师（美国为85名、日本为65名）。

以色列的基础教育注重培养开放式思维，高等教育注重培养创新创业能力。以色列支持每所高校成立孵化器和科研成果商业化中心，强调将科技创新与经济、管理、法律等学科结合起来，以此形成创新创业的综合优势。高校教学普遍采取灵活的学分制，学生可以根据自身情况缩短或延长学习时间，这激发了大学生的创业热情。

二是实行国防精英培养计划，培育优秀企业家。以色列国防军是培养成功企业家的摇篮。以色列是在中东地缘政治夹缝中强势求生的国家，最尖端的技术往往首先应用于国防，其技术强国的基础在很大程度上来源于国防军。出于特殊的国防需要，以色列实行义务兵役和预备役制度，国防军肩负着培养最优秀技术人才的使命。以国防军超级精英培养计划“特比昂”（Talpiot）项目为例，入选学员不仅要尽快获得数学或物理学专业学位，接受远超普通大学生学习范围的学术培训，还要经常针对具体军事难题提出跨学科的解决方案。精英学员精通诸多领域，还具备组织领导能力，许多人成为以色列成功的企业创始人。

以色列以军队为熔炉催生了军民融合、跨界创业。国防军精英退役后往往从事各行各业，这加速了军事技术的民用化和不同学科的跨界融合，激发了其他国家少有的跨领域创新，也催生了众多具有“破坏性创新”的高科技企业。

三是吸引犹太人“回归祖国”，支撑高科技产业发展。犹太民族的整体素质居全球首位，犹太民族以占全球人口的0.2%，贡献了近30%的诺贝尔奖。以色列对犹太人全面放开移民政策，吸引了大量高素质人才。1950年通过的《回归法》提出“所有犹太人都有权作为移民迁至以色列”。这部法律让海外犹太人对以色列产生了强烈的认同感，众多犹太人不惜放弃海外优越的生活条件回归故土。1991年苏联解体后，以色列接纳了近百万名苏联犹太移民，仅1989～1994年就有近万名科学家和5万名工程师移民以色列，这极大满足了20世纪90年代以色列高科技产业发展对高端人才的需求。

1995年，以色列推出GILADI计划（即外国专家引入项目），聘请世界一流的530位外国科学家（绝大多数是犹太裔）到以色列进行为期三年的科研工作。1999 年，以色列进一步推行相关计划以引入更多外籍犹太裔科学家，包括为了让上述 500 多位科学家入籍以色列而承认双重国籍。2009 年，以色列制定“回到祖国”战略，吸引了两万多名欧美国家的犹太籍顶尖科学家回到以色列。根据以色列人口统计处资料，截至 2017 年 5 月，以色列的犹太人占总人口的 74.8%。

2. 加大资金投入，覆盖创新创业全链条

一是持续的政府研发投入。以色列政府在建国之初就制定了科技发展战略规划。从 20 世纪 60 年代开始，政府不断加大对研发的支持力度，投入大量资金进行科技研发。据统计，以色列研发支出占 GDP 的比重维持在 5%左右，远超 OECD 的平均水平，多年位居全球首位。政府研发投入集中于应用研究领域（如生物技术、纳米技术等），主要来自教育部、科技部和工贸部。高强度的研发投入使得以色列在通信技术、生命科学等高技术领域创造出世界一流的科技成果，其高技术产品出口占全国出口总额的 70%以上，是典型的“小国大创新”。

二是覆盖全国的技术孵化器网络。针对高科技中小企业发展快风险大、大批原苏联移民有技术但缺资本和经营经验的困境，以色列政府从 1991 年起实施技术孵化器计划。技术孵化器是政府为扶持初创企业而设立的非营利性组织，提供融资、研发、管理、市场开发等全方位支持。政府承担所有成本的 85%，但要求企业研发成功的产品必须在以色列境内生产，并按照销售收入的一定比例偿还政府的资助。2010 年以前，以色列政府每年为技术孵化器企业提供超过 3500 万美元的资金支持；此后进一步升级以“共担风险但不共享收益”的方式支持创新创业，为进入技术孵化器的企业提供为期两年的低息优惠贷款，创业失败的企业，则无须承担偿还责任。

以色列存在各类规模不同的孵化器，它们的功能定位也不尽相同。小型孵化器以服务企业和天使级的风险投资为主，大型孵化器又分为智能硬件孵化器、生物技术孵化器、农业孵化器、国际创投加速器等。此外，以色列还拥有种类繁多的加速器，它们是由私人部门自营的创业辅导机构，有背靠大学或研究机构的技术转移机构，有 IBM、微软等各大企业推出的加速器，也有在原有场地重塑自身的创新空间。

三是发达的风险投资基金。风险投资基金促进了以色列的科技成果产业化，极大激发了科技企业的潜能和创造力。1993 年，以色列政府拨款 1 亿美元设立启动基金（即风险投资基金的前身），初衷是将苏联移民所带来的先进科技成果转化为生产力。该基金除了直接投资 15 个项目外，大部分资金（约 8000 万美元）用于吸引外部资本，组成 10 个公私合营型创投混合基金。每个创投混合基金中，政府占 40%、外部资本占 60%。为鼓励和吸引外部资本，以色列政府给予优厚条件，规定外部资本可以在 5 年内以预先商定的价格购买政府的全部股份。

这种投资风险由政府和外部资本共担、投资收益由外部资本获得的计划，短时间内就吸引了 1.2 亿美元的外部资金并取得了巨大成功。不仅直接投资的 15 个项目中有 9 个获得成功，10 个创投混合基金中有 9 个外部资本在 5 年内行使期权购买了政府所有股份，还带动了以色列风险投资产业从无到有，解决了科技型中小企业发展初期的资金匮乏难题。1993～2000 年，以色列风险投资基金从 3 家增加到 100 家，初级阶段投资占全部投资的 80%（欧洲 85%的风险资金投向成熟公司），促使以色列诞生了大量的高科技企业。

3. 营造良好的制度生态环境推动创新创业

一是制定与创新相关的法律法规。以色列政府一直把推动创新作为国家发展的重中之重，通过制定法律法规鼓励、保障创新。早在 1985 年，以色列就颁布了《鼓励产业研究与开发法》，规定了政府鼓励和资助产业研究与开发的一般原则，其中规定获批的研究与开发项目所需资金的 2/3 可以由政府提供。为了鼓励向处于初创阶段的高科技企业投资，2011 年，以色列又颁布了《天使法》，规定符合资格的行为主体投资于以色列高科技私营企业，可以从应纳税所得中扣除所投资的金额。2015 年，议会通过了《工业研究与开发鼓励法》（第七修正案），国家技术和创新局（NATI）取代先前的首席科学家办公室（OCS），负责落实国家鼓励和促进产业科技创新的政策，目的是激发企业家精神和巩固创业国度地位。同时，以色列实行了严格的知识产权保护制度，制定了《产权法》《商标条令》《版权法》等一系列法律法规。

二是完善科技创新管理体制。建国之初，以色列就制定了科技发展的长远战略规划。由科技部、经济部等 13 个部门共同组成国家科技决策体系，负责制定科技政策，设计发展规划和确定重点项目，形成合力以推进科技创新。从 1974 年起，以色列创立了首席科学家负责制，主要部门设有 13 个首席科学家办公室，负责制定年度科技计划、资助科技研发、协调指导相关科技活动，支持大学与企业构成研发联合体，促进产学研有机结合等。

三是创新主体发展，为创新创业注入活力。高校是以色列科技创新的生力军。7 所研究型大学在全球研究领域均表现不俗，为以色列科学研究和技术研发提供了坚实支撑。其中，以色列理工学院与美国斯坦福大学和麻省理工学院齐名，堪称以色列创新的“发动机”和高科技产业的“脊梁”。

企业是创新创业的主体，庞大的科技企业群体推动了以色列科技研发和高技术产业发展。仅在 20 世纪 90 年代，以色列就涌现了 2600 多家高新技术企业，占全国具有研发能力的企业总数的 80%；高新技术企业数量位居全球第二，仅次于美国。以色列大型企业和基布兹（即集体社区）所属企业均设有研发机构，军工企业、电信集团、化工集团等更是具有雄厚的科研实力。此外，以色列广纳世界名企推动科技研发。中国驻以色列大使馆经济商务参赞处数据显示，有 264 家外资企业在以色列设立研发中心，其中 80 家为世界 500 强企业。跨国企业以研发中心为以色列提供了约 50%的高科技就业岗位。

第五章 世界主要科技强国的建设模式与路径

科技兴则民族兴，科技强则国家强。近代以来的几次科技革命，引发大国兴衰和世界格局调整，英国、法国、德国、美国、日本等国家抓住机遇，因时而动、因地制宜，探索形成了各具特色的科技强国建设模式和发展路径，进而占据了世界经济主导地位和科技创新领先地位。

一、世界科技强国建设的不同模式选择

（一）自由市场机制激发工业革命和产业变革（市场主导型）

1. 打破思想束缚，推行市场的平等交换与自由精神

文艺复兴运动和宗教战争推翻了封建经典理论对思想的束缚，为近代科学的发展奠定了基础。英国建构新的政治结构和经济制度，打破了中世纪以来以世袭地位进行社会分层的框架，为工商业者提供进入社会的新通道和实现机制，激发出强烈的创新精神和冒险精神，在整体上构成一场规模宏大的经济革命，促使英国成为引领世界的工业强国，率先进入世界科技强国行列。

2. 建立适应市场经济的政治体制、自由企业制度，以及竞争性的市场体系

美国早期奉行自由市场经济主义，对创新的支持政策很少，到20世纪40年代之后，美国才对科技创新进行“适当干预”，逐步建立了比较完善的支持科学研究、技术发明和创新的政策体系，形成了一整套能有效激励创新的制度和政策体系，使市场机制充分发挥优化资源配置的决定性作用。这是美国创新活力源源不竭和长期保持领先地位的根本原因。以美国为代表的科技强国汇集全球科技科学知识和技术创新成果，掀起全球性高技术革命浪潮。

3. 打造市场导向的多层次、多元化的产学研用协作生态体系

硅谷的形成与发展没有政府的指令性计划，只是在园区制定的指导性规划下自由、开放地发展，崇尚企业间的集体学习和变革，公司之间相互配合，企业间的交流渠道通畅多样，实现了高效的信息交换，构建了一套各主体紧密合作、相互促进、面向市场竞争的产学研用一体化生态体系。硅谷至今仍然创造着半导体工业的奇迹和奠定着第三次乃至第四次工业革命的基石。

（二）国家干预政策推动大国崛起（混合型）

1. 建立符合国情并行之有效的社会市场经济体制

在第二次工业革命时期，德国的行政部门使用政治权力实施贸易保护和改革税制，以降低生产商的成本，加强企业之间的合作和联系，特别是国家支持银行为重工企业提供资金，资本的联系让企业进一步组成各种垄断集团，一定程度上抑制了自由市场的无政府状态。德国抓住第二次工业革命的机遇，科技与工业进入高速发展期，迅速成为19世纪末20世纪初

的世界科学中心和工业强国。第二次世界大战后的历史事实表明，在社会市场经济框架下，科技创新发展遵循结构和调控原则相结合的思路，消除市场上任何妨碍竞争的行为，是德国保持科技竞争力的基石。

2. 推行计划与市场相结合的资源配置方式，加强对科学研究的顶层设计

迄今，法国的科技发展经历两次辉煌和两次衰落。第二次世界大战后，法国政府制定了一批重点行业的发展规划，并通过公共部门中期订货的形式来刺激企业的科研和技术革新，在航空航天、军工制造、铁路等制造业领域重大成果频出。进入 21 世纪，法国决策层审时度势，不断加强科学、技术与创新发展的顶层设计、统筹布局和重点引领，与国立科研机构和公立综合大学签订周期性目标合同，确保科学研究与技术创新活动的科学合理性。自 20 世纪 90 年代末以来，法国用不到 20 年的时间弥补了与其他科技强国的阶段性差距，甚至还在信息技术、生物技术方面实现超越，重新跻身世界有重要影响力的科技强国行列。

3. 注重建设和优化国家创新体系，助力经济和科技持续发展

20 世纪 60 年代末德国就已初步建立集中协调型的科技创新体制，进入 21 世纪以来，德国不断改革与发展研究与创新体系，来自政治、经济与社会各界的不同角色之间通力合作，形成了分工明确、统筹互补、高效运作的多层次的科研与创新系统。同样，法国政府在第二次世界大战后主导创建、充足和扩建了一大批服务国家军事发展需求的国立科研机构，并逐渐纳入高等教育机构、企业及非营利机构等，共同构成有效互动、协同创新的国家创新体系重要力量，促成法国在科学技术与高新技术产业层面实现“辉煌三十年”（20 世纪 60～80 年代）。

（三）政府主导助力建设科技强国（政府主导型）

第二次世界大战后，日本建立了政府主导下的市场经济，从“贸易立国”到“技术立国”，再到“科学技术创新立国”，日本走过从技术引进、消化吸收再创新到独立自主创新的发展路径，成为世界科技强国。

1. 政府从间接引导者变成直接的全面指挥者

第二次世界大战以来，日本科技发展与创新战略的变化，清晰地体现了国家意志及政府干预科技发展方式的变化。20 世纪 70 年代，日本政府在经济导向基础上，强化政府对部分科技事务直接介入的力度，开始体系性地组织技术预测活动，加大技术研究与开发力度。同时，加大对产业政策的指导和直接补贴，以及组织全国优势科技力量攻关产业关键技术，最终使日本在芯片生产、半导体技术等领域实现对美国的赶超。1995 年，《科学技术基本法》提出“科学技术创造立国”新战略，政府成为科技事业的直接全面指挥者。之后，日本又分别提出“IT 立国”“知识产权立国”“生物立国”“创新立国”等作为“科学技术创造立国”内涵的扩展和深化。日本的发展模式由技术变革驱动向科学变革驱动方式转变，在国际科技竞争中占有一席之地。

2. 常态化出台中短期科技规划，引领发展新思路

从 1996 年开始，日本每五年出台一期《科学技术基本计划》作为阶段性科技规划，每年更新“科学技术创新综合战略”作为兼顾长期和短期规划的行动指南，灵活地根据形势变化动态调整科技发展路径。在 2001 年第 2 期《科学技术基本计划》中，日本提出 50 年内取得 30 个诺贝尔奖的目标，并围绕该目标推出众多具体政策措施，最终取得可喜效果。

3. 自上而下“建纲立制”，政策配套主动引导建设科技园区

筑波科学城和东京科技创新中心的建设属于典型的政府主导型模式，更多地体现为集群模式与国际枢纽模式的融合，为创新系统的良性发展提供了结构保障。在筑波科学城，政府主导汇集了日本全国30%的科研机构、40%的科研人员，以及50%的政府科研投入，成为重要的创新策源地。政府还直接参与科学城的管理，通过制定引导性政策，确立大学、研究机构及企业以应用为目的的研究方向。此外，政府还通过建立筑波研究支撑中心、筑波创业基地等，为创业人士提供场地、资金、管理等方面的帮助，促进科技成果转化。

二、代表性科技强国的发展路径

(一)科学、技术、产业循环互动，为科技创新提供方向与源泉

人类社会发展至今经历两次科学革命、三次技术革命及由此引发的三次工业革命的洗礼，科学、技术、产业三者之间逐步从相对分立发展到相互促进直至融合并进，作为科技强国标志的世界科学中心逐步演化为世界科技创新中心。

1. 科学革命、技术革命、工业革命相对并行发展

16世纪到19世纪中期，技术创新大多是渐进式的，灵感主要来源于工匠技能的积累和生产经验的总结与改进，科学理论并没有直接作为技术创新的理论指导，却带动了相应学科的发展，科学越来越面向实用技术并形成科学与技术相互加速的循环机制。英国凭借其是第一次技术革命和工业革命发源地的优势，迅速成为世界科技和经济强国，法国继而进入科技

强国之列。

2. 科学与技术逐渐交融，技术创新依赖科学理论知识

第二次产业革命中，科学或认知的拓展、应用技术的进步，以及二者的协同和相互正反馈，为产业创新提供了方向和源泉，构成产业革命的硬核。化学的发展及其应用，催生了化工技术的“井喷”；物理学的进步，打开了通向电的技术的大门，一系列电的应用技术被发明出来。同时，应用技术的发明与科学发现形成正反馈，加快了科学革命的步伐。19 世纪中期到 20 世纪上半叶，科学成就支撑电力内燃机技术革命，德国、美国引领第二次工业革命，加入世界科技强国行列。

3. 科学理论与技术创新加速融合，逐步形成科技–产业–制度创新互动发展机制

进入 20 世纪，第二次科学革命展现出广泛而深刻的渗透力，带动第三次工业革命不断发展。相对论与量子力学的建立，使物理学理论和整个自然科学体系发生重大变革，催生新的科学范式和科学研究方法论，推动技术创新，引发产业变革。尤其是 20 世纪 60 年代至今，人类社会进入发生重大变革、科学发现与技术突破加速发展的全新时期，国家整体科技战略的成败和全社会对科技创新的参与程度，逐步成为科技强国建设和制胜的关键，在此过程中，基本形成了美国整体领先、多个国家实力不俗的“一超多强”的世界科技强国新格局。

（二）统筹教育与科学研究协调发展，适应科技发展新要求

1. 创办现代大学和实验室，发展领先科学

德国文化大臣洪堡强调教学与研究相结合的思想，对德国高等教育体

制改革影响最为深远。在柏林大学的示范带动作用下，德国越来越多的大学采用这种新型教学模式，成为德国现代研究体系形成的重要标志之一，并成为全世界公认的学术机构楷模和科学研究中心。与此同时，实验室与教学及科研的结合为科学活动的体制化、科学家的职业化创新了必要条件，为科学持续发展提供了重要保证。化学家李比希引导德国形成实验室研究传统，为德国的化学工业发展奠定了基础。同样，美国作为世界头号科技强国，庞大的国家实验室体系一直扮演着美国国家创新体系的战略力量与核心角色。

2. 建设先进完善的教育体系，夯实创新人才队伍基础

科技竞争的实质是人才竞争，健全和先进的教育体系对科学家的培养起到关键作用，是培养造就高素质人才队伍的重要基础。早期英国科研活动由民间或国立学会支持，虽然并未建立起完善的科研教育制度，但现实主义教育学派的出现大大促进了教育发展。法国科学家以集体研究模式进行科研活动，并制度化地培养新生代科学家。德国的教育改革催生了一批研究型大学，率先实现了教育和科研的结合。美国在借鉴德国教育制度的基础上，进行了创新型教育制度的发展和完善。这些世界科技强国在教育和人才培养方面的成功，为科技崛起和持续发展提供了根本性、持久性的人才保障。

3. 发挥大学社会服务功能，加速科技成果转化

美国从熊彼特创新理论中提炼出“威斯康星思想”，确立美国大学教育为社会提供直接服务的新理念。最成功的范例是 20 世纪 50 年代以斯坦福大学为中心创办的科技工业园——硅谷，成为美国科技创新精神的象征。日本效仿硅谷的经验做法，兴建筑波科学城、关西科学城、横滨高新技术园、九州高新技术园等产学研合作基地，汇聚和培养了大批新的科技

人才，又引发了日本大学教育方式的转变，促进了教育、科研与生产实践的结合。

（三）科学文化赋能科技创新，成为建设世界科技强国的新引擎

世界科学中心的崛起皆以科学文化变革为前提和基础，支撑世界科技发展的制度创新往往源于科学文化理念的引领，由科学文化演变而来的科学传统构成世界科技强国的重要基础。

1. 发挥科学精神“看不见的手”的作用

近代史上发生了数次世界科学中心的转移，依次形成了意大利、英国、法国、德国和美国 5 个世界科技强国，这 5 个国家的崛起过程均与科学精神进入社会主流文化息息相关。英国成为近代科学强国，英国皇家学会成为现代科学组织的典范，培根等思想家的实验哲学及其关于知识价值的新理念厥功至伟。法国科学强国地位的确立，与笛卡儿的理性主义文化密切相关。德国在 19 世纪后来居上成为新的科学中心，洪堡等思想家倡导的科学文化精神及其在大学体制改革中的具体实践是其重要基础。美国在 20 世纪中叶崛起成为世界科技强国，主要依赖于科学文化的引领和对科学发展规律的不断探索。

2. 弘扬精益求精的“工匠精神”，注重创新升级

德国政府秉持质量第一的理念，引导塑造德国“工匠精神”，将“德国制造”打造为当今享誉全球的高品质代名词。技工和工程师受人尊敬，“标准、完美、精准、实用”的文化特征深深扎根于员工内心深处。在精益求精的态度和准则之外，德国对理性与科学始终如一地充分尊重，促使德国在跌宕起伏的历史进程中不断强化、巩固科技强国的地位。同样，日

本民间企业是科技发展的主力，“工匠精神”成为日本科技发展的源泉。正是拥有大批具有熟练牢靠技术的职业技术人员，才是日本制造业的最大优势所在。

3. 营造宽松自由、开放包容的创新环境，充分激发创新思维

历史上，发生在英国、德国、美国的科学革命，无一不是思想解放、学术自由、开放性讨论的结果。鼓励创新、宽容失败、机会平等是美国保持强大创新力的文化基因。这些国家通过颁布法律或制定规章制度，成立各类学会，组建政府科研机构，支持科学共同体自治，保障科学研究的学术自由。在制定国家科技战略与计划的过程中，注重将国家发展战略与科学共同体共识进行融合，引领广大科学家自愿参与而不凌驾于学术自由之上。此外，注重在全社会培育和倡导尊重知识、尊重人才、崇尚创新、包容失败的文化氛围，为科技创新发展创造良好的社会环境。

（四）灵活利用政府与市场“两只手”，积极应对经济社会发展新挑战

1. 注重“小科学”与“大科学”、政府与企业创新平衡协调发展

政府注重对科技投入宏观统筹，稳定支持基础研究，实施重大科技计划，带动重大创新领域科学与技术突破。美国政府一直是美国基础研究经费的主要提供者，20 世纪 60～80 年代，联邦与地方政府是美国全社会基础研究投入的绝对主体，占比接近 80%。80 年代以后，企业基础研究投入占比逐步提升，政府投入占比虽有所下降但仍是主要来源。2017 年联邦政府投入仍占 42.3%，州政府投入占 2.7%，企业投入占 28.8%，大学投入占 13.4%，其他非营利组织投入占 12.8%。除了政府对“大科学”和“小科学”的重视与支持外，企业强大的研究与开发实力和投入也是美国

持久保持第一科技强国地位的重要原因。

2. 调整产业政策促使产业结构更有效率

日本在战后重建阶段制定产业合理化政策，使煤炭、钢铁、电力、造船等支柱产业快速恢复；从 20 世纪 60 年代开始，日本以赶超欧美发达国家为目标，确立“贸易立国”战略；70 年代，将注意力转向知识密集型产业；80 年代提出“技术立国”方针，国家干预政策的成功使日本成为资本主义世界第二经济强国。20 世纪 50 年代，美国逐步加大对科技领域的干预，国防部直接资助集成电路的生产工艺研发和“试错”实验，承担了晶体管开发的风险和成本以实现批量生产。不仅如此，联邦政府还通过政府采购的形式，支持半导体企业的发展。同时，为了应对日本半导体行业的挑战，在美国国防部高级研究计划局（DARPA）下属的联合半导体研究协会的协调下，组建半导体制造技术联盟，帮助美国重获制造业领袖地位。

3. 不断完善知识产权制度，通过立法设立科技计划

英国早在 1624 年就颁布《垄断法》，是世界上最早实行专利制度的国家，极大激发了人们对技术创新的热情，为繁荣市场、推动工业发展提供了良好环境，这也是第一次工业革命在英国兴起的重要条件之一。美国把建立专利制度促进技术进步作为政府职责写入宪法，保证创新者的基本权益。同时，美国依法设立科技计划，经费由总统提请国会批准拨付，以年度科技拨款授权法案的形式下达给政府各有关部门，提升权威性和执行效力。

（五）整合优化全球科技创新资源，占据创新发展制高点

随着科技领域的扩展和研究开放向纵深发展，任何国家都难以独自承

担涉及范围广、投入高、风险大的大型科研项目与工程，国际科技合作与竞争日益加强。深度融入全球科技创新网络，充分整合全球科技资源，打造世界创新资源的集聚中心和创新活动的控制中心，成为建设世界科技强国必由之路。

1. 统一市场，打破壁垒，加速商品、资本和劳动要素流动

1833 年，由普鲁士领导的德意志关税同盟形成，在境内废除关卡，取消消费税和国内关税的征收，宣布商品流转自由，有效促进国内、国际市场的形成，加速了工商业的发展。关税同盟为德国工业革命提供了强大动力和根本保证。美国的内战则塑造了统一的美国市场，西进运动拓展了新兴市场，保护性关税提供了广阔的国内市场，而美国普通居民收入的增长以及比较均衡的分配培育了美国国内的购买能力。从 19 世纪 60 年代中期到 1900 年，美国关税税率大致维持在 40%～50%，美国幼稚产业有机会依托庞大的国内市场成长壮大。美国政府培育出一个庞大的国内市场，支撑了美国的技术进步与产业升级。

2. 吸纳整合全球创新资源，掌握国际科技话语权

美国一直雄踞世界科技强国之首，很大程度上可以归因于其整合优化全球创新资源和要素的强大能力，进而得以牢牢占据创新发展制高点，掌握高度的国家科技话语权。美国牵头实施的曼哈顿计划动员 10 万多人参加，几乎集中了当时除德国以外的西方国家最优秀的核科学家。此后，美国又在多个领域发起多国参与的人类基因组计划、超导超级对撞机等国际大科学计划与工程。英国主导了由约 20 个国家参与的国家大科学工程“平方公里阵列射电望远镜”。日本在移植现代科技文明重塑文化传统、全力提升国际化水平的同时，十分重视加强与国外顶尖研究机构的研究合作，充分利用国内外的新创意、新知识和新技术，迅速提升日本的科研实

力和科研效率。

3. 打造科技和产业优势集群，建设都市圈创新网络

近年来，积极谋划建设都市圈创新网络和科技创新中心日益成为世界上许多国家应对新一轮科技革命挑战和增强国家竞争力的重要举措。美国旧金山湾区依托硅谷地区知识、资本的外溢和辐射，圣何塞的高技术产业群、奥克兰的高端制造业，以及旧金山的专业服务（如金融和旅游业），通过长期发展构筑了一个“科技（辐射）+产业（网络）+制度（环境）”的全球创新中心。英国伦敦依靠自由开放环境下的市场机制和自身深厚的科研积淀，进一步在政府引导和支持下加速产业集聚、扩大影响，凭借“知识（服务）+创意（文化）+市场（枢纽）”模式使大伦敦地区成为世界城市可持续发展的榜样。得益于法国中央政府的顶层设计和巴黎大区政府的配套措施、资金支持等，巴黎–萨克雷由一个工业欠发达的高原蜕变成具有欧洲乃至全球影响力和辐射力的创新高地。

第六章　我国建设世界科技强国的模式与路径选择

建设世界科技强国，是以习近平同志为核心的党中央在新时代向全国发出的动员令，与“两个一百年”奋斗目标高度契合。当前，我国科技创新进入新的发展阶段，朝着更高目标扬帆远航，亟须总结世界主要科技强国的发展模式与路径，并立足中国本国国情，牢牢抓住新一轮科技革命与产业变革带来的重大机遇，探索走出一条新时代具有中国特色的科技强国之路。

一、中国建设世界科技强国的基础

我国科技创新走过了不断进步、不断壮大之路，科技创新政策也走过了不断探索、不断调整、不断成熟之路。新中国成立之初，党中央就发出了“向科学进军”的号召，制定了《1956—1967年科学技术发展远景规划纲要》，形成了科技创新举国体制，开启了我国独立自主的科技创新之路。改革开放后，在“科学技术是第一生产力”的号召下，我国对外积极融入世界科技潮流，对内实施科教兴国战略，把科技发展融入国民经济发展全局，科技创新能力不断积累，开始加速追赶世界科技前沿。2006年以来，“自主创新”成为科技工作的重要方针之一，国家创新体系逐步完善，创新型国家建设不断加速。特别是党的十八大以来，在创新驱动发展战略和“三步走”战略的指导下，创新成为引领发展的第一动力，我国科技事业取得历史性成就，发生历史性变革，科技创新整体呈现加速从量的积累向质的飞跃提升、从点的突破向系统能力提升的态势，为建设世界科技强国奠定了坚实的基础。2022 年 10 月 16 日，党的二十大召开，进一步明确了实现高水平科技自立自强，进入创新型国家前列和建成科技强国的战略目标，要求坚持创新在我国现代化建设全局中的核心地位，把教育、科技、人才进行一体化部署，为我国未来科技创新发展绘就了蓝图。从这一历程来看，我国科技创新发展有着一脉相承的发展道路，并根据国内外形势不断调整与创新。我国科技创新取得的巨大成就来之不易，经验弥足珍贵。归结起来至少有以下几点（中华人民共和国科学技术部，2019）。

（一）坚持正确战略和思想指引，根据不同历史时期的阶段特征、目标任务，提出相应的科技发展战略和指导思想，为科技改革发展指明方向

新中国成立之初，面对国内百废待兴、国际经济封锁的国情，党中央发出了“向科学进军”的号召，全社会学科学、用科学，科技事业逐步发展。改革开放后，党中央把工作重点转移到经济建设上来，社会主义现代化建设如火如荼，科学技术在经济社会发展中的地位和作用凸现出来，“科学技术是第一生产力”的思想为我国科技工作指明了方向。20 世纪 90 年代，根据国际科技革命新高潮和国内经济发展需要，党中央提出了科教兴国战略和可持续发展战略，以科技推动国民经济持续、快速、健康发展。进入 21 世纪，我国已经具备一定的科技基础和实力，但形成核心竞争力不能依赖国外技术，“提高自主创新能力，建设创新型国家”成为

国家发展战略的核心，增强自主创新能力被贯彻到现代化建设的各个方面。党的十八大后，国际上新一轮科技革命和产业革命蓄势待发，为后发国家跨越式发展提供了重大机遇，国内正处于转变经济发展方式、从成本优势转向创新优势的历史时期，党中央提出了创新驱动发展战略，以科技创新带动全面创新，推动经济社会发展动力根本转换，并明确了从进入创新型国家行列到跻身创新型国家前列再到建成世界科技强国的“三步走”战略目标。党的十九大召开之时，我国经济已转向高质量发展阶段，开启了全面建设社会主义现代化国家新征程，党中央提出要加快建设创新型国家，把创新作为现代化经济体系的战略支撑。面对百年未有之大变局下日趋复杂的国际环境，以及我国发展不平衡不充分问题，党的十九届五中全会提出坚持创新在国家现代化全局中的核心地位，把科技自立自强作为国家发展的战略支撑。立足新发展阶段，为贯彻新发展理念、构建新发展格局，在全面建设社会主义现代化国家开局起步的关键时期，党的二十大把教育、科技、人才“三位一体”统筹部署，明确了三者的基础性、战略性支撑作用，强调深入实施科教兴国战略、人才强国战略、创新驱动发展战略，加快实现高水平科技自立自强。

（二）坚持发挥中国特色社会主义制度优势，建立社会主义市场经济条件下关键核心技术攻关新型举国体制，集中力量办大事

“国之重器”的打造离不开政府和科技部门的全局统筹、资源动员和有效组织。我国科技发展之初，基础薄弱、资源匮乏，与发达国家和科技前沿存在很大差距，因此根据发展的迫切需要，确定重要科技任务，集中资源重点发展，大大缩小了我国与世界先进水平的差距。改革开放后，我国先后设立了国家高技术研究发展计划（863 计划）、国家重点基础研究

发展计划（973 计划）等，根据国家需要，动员各方资源，在重点领域和重大问题上集中攻关、重点突破，科技发展的举国体制日渐成熟。可以说，“两弹一星”、航空航天等重大成就都离不开举国体制。今天，面临国际国内新的复杂形势，在中国特色社会主义市场经济体制下，我国强化党和国家对重大科技创新的领导，加快完善关键核心技术攻关新型举国体制，加强战略谋划和前瞻布局，优化配置创新资源，强化国家战略科技力量，汇聚政府、学界、企业和社会力量，通过部署重点研发计划、重大科技项目等，集聚力量进行原创性引领性科技攻关，实现国家发展战略目标和安全。

（三）坚持走中国特色自主创新道路，从“独立自主，自力更生”到“自主创新”再到“高水平科技自立自强”，把自主自立自强贯穿于我国科技工作主线中

20 世纪 60 年代初，面对国际环境的变化，我国做出了独立自主、自力更生的战略性选择，在《1963—1972 年科学技术发展规划》中提出了“自力更生，迎头赶上”的总方针，走上了坚持自主培养科技力量、增强科技实力之路。2006 年，《国家中长期科学和技术发展规划纲要（2006—2020 年）》明确提出走中国特色自主创新道路，确定了“自主创新，重点跨越，支撑发展，引领未来”的指导方针，增强自主创新能力成为国家战略，贯穿于现代化建设的各个方面。进入新发展阶段后，实现高水平科技自立自强成为我国构建新发展格局最本质的特征。党的二十大报告中多次提到“科技自立自强”，将其作为未来五年的主要目标任务以及到 2035 年发展的总体目标之一，提出要“坚持面向世界科技前沿、面向经济主战场、面向国家重大需求、面向人民生命健康，加快实现高水平科技自立自强”“加快实施一批具有战略性全局性前瞻性的国家重大科技项目，增强

自主创新能力”（习近平，2022a）。在新时期，我国要抓住自主创新这一关键着力点，更加重视基础研究和原始创新能力，实现重要领域和产业技术自主可控，坚决打赢关键核心技术攻坚战，抢占未来科技和产业发展制高点。

（四）坚持通过改革释放创新活力，逐步消除阻碍科技创新的体制机制障碍，促进科技创新与经济社会发展紧密结合

1985年，《中共中央关于科学技术体制改革的决定》拉开了全面科技体制改革的序幕，进入了科技服务经济建设的阶段，科技拨款制度、科研管理和组织模式、科研人员聘任和管理制度等方面的改革措施相继出台，技术市场逐步建立，科技成果商品化思想得以确立。1992年，在正式提出建立社会主义市场经济体制的目标后，我国进一步深化科技体制改革，完善相关科技法律法规，启动科研机构分类改革，加速科技成果转化，推动建立与社会主义市场经济相适应的科技体制，实现科技、经济和社会的协调发展。党的十八大以来，我国加强了对科技创新的顶层设计和整体部署，全面深化和统筹协调科技体制改革，实施创新驱动战略，坚持科技创新和体制机制创新“双轮驱动”，完善国家创新体系，科技计划管理体制、科技创新基础性制度、科技决策咨询制度、科技监督评估机制等方面取得重大进展，逐步向科技治理体系和治理能力现代化方向推进，以更好地支撑经济高质量发展。党的二十大进一步明确了改革方向，要求深化科技体制改革、科技评价改革、财政科技经费分配使用机制改革、人才发展体制机制改革，加强知识产权法治保障，形成支持全面创新的基础制度。

（五）坚持不断扩大和深化科技开放，集聚全球科技创新资源，加强国际科技合作，坚持走科技国际化的发展路径

改革开放后，我国加强了国际科技合作和技术交流，推动科技人员

“走出去”进行学术交流、学习和调研，积极“引进来”学习借鉴各国先进的科学技术和科技管理经验，全面开展了与发达国家和发展中国家的双边和多边科技合作，积极参与和牵头国际大科学、大工程，对外合作层次和水平日渐提高，实质性合作内容不断丰富。党的十八大以来，我国坚持以全球视野谋划推动创新，积极融入全球科技创新网络，扩大国际科技交流合作，主动参与全球创新治理，与美国、欧盟、俄罗斯、德国、法国、加拿大、比利时、澳大利亚、以色列、巴西开启十大创新对话机制，与非洲、东盟、南亚、阿拉伯国家、拉美和加勒比国家共同体成员国、上海合作组织成员国、中东欧国家等广大发展中国家建立七大科技伙伴计划，推动与共建“一带一路”国家科技创新互联互通，打造全方位、多层次、宽领域的国际科技创新合作布局。

（六）坚持政策创新，制定实施一系列鼓励创新的政策，为科技创新不断营造良好环境

随着社会主义市场经济的发展和科技创新体制机制的改革，我国政府职能从科研管理向创新服务转变，出台了一系列简政放权、激励创新的政策措施，发挥企业在技术创新中的主体地位，构建起以企业为主体、以市场为导向、产学研深度融合的技术创新体系。《国家中长期科学和技术发展规划纲要（2006—2020年）》发布后，围绕科技投入、税收激励、金融支持、政府采购、引进消化吸收再创新、创造和保护知识产权等10个方面提出了60条配套措施，并制定了可操作、可落实的90条实施细则，形成了综合性、系统性的政策力量。党的十八大以来，大众创业、万众创新蓬勃发展，国家出台了包括科技型企业减税降费、支持企业建设研发机构、鼓励高新技术企业发展、健全科技金融体系、推动产学研合作载体建设等一系列促进企业创新发展的政策，创新创业生态得到极大优化。

二、中国建设世界科技强国面临的新形势

当前，我国正处于一个新的历史起点上，建设世界科技强国既面临着主要科技强国曾经历过的机遇和挑战，又面临着百年未有之大变局下新的国际国内形势。这不仅为我国建设世界科技强国提供了新的历史机遇，也要求我国主动加强谋划部署，积极应对新的挑战和不确定性。

（一）世界科技创新呈现新趋势

当前，全球科技创新进入空前密集活跃期，新一轮科技革命和产业变革蓬勃兴起，科学和技术范式发生重大转变，科学、技术、经济融合日渐深入，科技创新将更加深刻地影响经济社会的方方面面。其一，科技创新迭代速度不断加快，科学发现和技术突破呈现极大不确定性，多学科交叉融合现象更加突出，未来科技创新发展需要技术路线多头并进、多重技术互为支持。其二，“大科学”时代到来，科学研究的范围、规模和复杂程度不断提高，更加依赖于全局统筹协调、高强度研发投入、大规模仪器设备、多学科交叉融合以及研究团队协同合作。其三，新技术革命加速推进产业创新，新技术、新产品、新业态、新模式不断涌现，在人工智能、区块链、大数据、云计算等新一代信息技术的支撑下，产业变革呈现数字化、网络化、智能化特征，成为推动经济增长的强大引擎。这些科技创新发展的新趋势对我国创新路径和创新范式的变革提出了新挑战，要紧跟甚至引领世界科技发展潮流，就必须既要有能力组织大规模科研活动，又要加快创新步伐，探索多条技术路线，开展多样化创新。

（二）国际政治经济和科技竞争格局错综复杂

近年来，全球经济下行，再加上新冠疫情的影响，各国国内社会矛盾

凸显，大国博弈激烈，国际关系瞬时多变，俄乌冲突加剧全球政治风险，国际政治、经济、科技因素相互交织，可以预见未来国际秩序的不稳定性将愈加明显，国家安全和科技安全问题将更加突出。科技创新已经成为大国博弈的主战场，成为国际政治经济格局的决定性力量，以中国为代表的新兴国家科技创新能力的提升，给以世界科技强国为代表的欧美国家造成极大冲击，逆全球化和贸易保护主义抬头，各国政府更加重视保护本土技术和本土产业，加速抢占新赛道和新技术主导权。针对中国的法案、贸易摩擦和科技联盟层出不穷，对全球供应链、产业链以及中国的科技合作交流带来极大风险和压力。作为科技创新能力正在迎头赶上的后发国家，我国在对外开放中将面临更多的国际风险和技术遏制，科技自立自强已经成为决定我国生存和发展的基础能力。

（三）中国经济迈入高质量发展新阶段

作为世界上最大的发展中国家，经过多年奋斗和追赶，我国站在了新的历史起点上，已经开启全面建设社会主义现代化国家的新征程，经济发展进入了高质量发展阶段。但是，我国也面临需求收缩、供给冲击、预期转弱三重压力，面临一系列发展不平衡不充分问题，比如城乡、区域发展差距大，粗放型增长模式不可持续，资源短缺、环境污染问题仍然存在，教育、医疗、社会保障、就业等民生短板凸显，等等，难以满足人民日益增长的美好生活需要。这一矛盾的解决更需要科学技术解决方案以及以科技为支撑的组织管理方法，需要发挥科技创新在高质量发展中的支撑引领作用，催生新动能、改造旧动能，打造经济增长、产业升级、民生改善、环境优化的内生动力，构建以国内大循环为主体、国内国际双循环相互促进的新发展格局。

（四）中国科技创新能力存在短板

经过多年积累，我国已经进入创新型国家行列，具备了向世界科技前沿迈进的基础和条件。但是，与世界科技强国相比，我国科技创新能力还存在很大差距，主要优势体现在庞大的创新规模和创新投入上，在结构、效率、影响力、竞争力等方面仍存在明显的短板。在科学领域，基础研究和应用研究不足，缺少重大顶尖原创性成果；在技术领域，以“跟跑”“并跑”为主，关键核心技术“卡脖子”问题突出；在产业领域，处于产业链、创新链、价值链中低端，创新竞争力和创新效益有限。中国必须加快积累和发展步伐，继续发挥优势，抓紧补足短板，通过科技创新的跨越式发展，跟上甚至引领世界科技趋势和科技强国发展趋势。

三、中国建设世界科技强国的模式选择

鉴于中国的制度优势、文化特色、发展阶段以及改革开放以来对科技创新道路的探索，中国建设世界科技强国应坚持以社会主义市场经济为基础的政府主导模式，其核心特征是有效市场与有为政府有机结合，即坚持市场在科技创新资源配置中的决定性作用，更好地发挥政府作用。

（一）坚持政府主导，加强战略科技力量培育先发优势

在这一模式下，我国社会主义制度集中力量办大事的显著优势得到充分发挥，党和国家对重大科技创新的领导得到有效实现，在加强科技协同攻关、塑造战略科技力量、营造创新生态环境方面，政府找准发力点，充分发挥其把握全局、统筹协调的主导作用。尤其是要坚持关键核心技术攻关新型举国体制，政府加强战略谋划和系统布局，通过一以贯之、系统科学、衔接有序、执行有效的科技创新发展规划，把握国家科技创新的战略

方向，瞄准事关我国产业、经济和国家安全的重点领域及重大任务，以顶层目标为牵引，以体系化能力为基础，以重大任务为带动，以国家战略科技力量为依托，实现重大科技创新的整体部署和力量动员，形成关键核心技术攻关强大合力，在重点领域掌握主动权和发言权。

（二）完善市场基础，提升企业创新能力塑造竞争优势

在这一模式下，市场拥有充分发挥作用的空间，成为推动和塑造科技创新的重要力量，也成为验证科技创新成果和绩效的“试金石”。科技创新以社会主义市场经济为重要牵引，以市场需求为导向，以价格信号、经济手段为组织和激励方式，以民营经济高度活跃为典型特征，同时发力于市场供给端和需求端，推动形成新产品、新产业、新市场和新经济增长点。尤其是要充分发挥民营资本在科技创新中的作用，政府力量和国有企业在竞争性领域中逐步弱化和退出，企业拥有更强大的创新能力和市场捕捉能力，企业技术创新主体地位更加突出，形成以企业为主体、以市场为导向、产学研用深度融合的创新体系，在全球产业链、创新链和价值链中形成强大竞争力。

（三）强化制度创新，完善创新体制机制释放制度红利

在这一模式下，科技创新与制度创新“双轮驱动”，科技创新体制机制持续动态调整，制约科技创新的痛点堵点不断破除，激发创新活力的制度环境明显优化；现代科技创新治理体系得到全面提升，有效市场和有为政府更好结合，在集中力量办大事制度优势有效发挥的同时，科技政策决策的科学化水平不断提升，避免重大科技创新决策失误。尤其是要推动政府转变科技管理职能，强化放管结合，创新服务职能，从市场、制度、法律、金融、文化等各个方面入手，综合采用科技计划、奖励补助、金融支

持等多种手段，建立和完善有利于科技创新的体制机制，营造让创新创业创造活力竞相迸发的良好创新生态环境，激发企业、高校、科研院所科技创新的积极性，把制度红利转化为科技创新的强大动力。

这一模式既符合我国的基本国情和发展需求，也能更好地适应科技创新发展趋势和国际环境变幻特征。实际上，在代表性世界科技强国的发展历程中，尽管存在市场主导型、混合型、政府主导型等多种模式，但政府与市场的力量始终是并存的，只是由于国家历史传统、国内外力量对比、国际形势变化、国家发展目标、科技发展特征等因素，二者力量有强有弱，在不同时期、不同领域、不同任务甚至科技创新的不同环节中也多有强弱变化。我国建设世界科技强国要正确处理好政府与市场之间的关系，以社会主义市场经济为基础的政府主导模式能更好地把政府统筹动员优势与市场灵活活跃优势结合起来，并有效规避政府与市场的短板，充分适应日渐复杂的国际风险、大科学时代的研究要求、科技深刻影响经济的趋势、创新高度不确定性的特征以及国家跨越式发展的需求。

四、中国建设世界科技强国的路径选择

基于我国科技创新发展的历史经验、世界主要科技强国的建设经验以及对未来国际国内经济与科技创新趋势的预期，我国建设世界科技强国应充分发挥制度、市场、人才、文化等自身优势，正确处理好市场与政府、国内与国际、自主创新与开放创新、教育与科技、科学技术与产业之间的关系，把强化科技创新长板与补齐短板有机结合，努力成为世界的科学中心、技术引领者和创新高地。主要路径有以下几条。

（一）发挥市场优势，把创新链与产业链、价值链有机结合

在数字化和智能化时代，我国要利用好最庞大国内市场、最齐全产业

门类、最多元消费者群体和最海量数据资源的优势，打通产业链，做强创新链，提升价值链，推动我国从与发达国家互补生产、低端嵌入全球产业链的状态转变为参与主导权竞争、掌握“三链”中高端的状态。重点在于产业链和创新链协同发展的整体构建，要以市场需求为导向，围绕产业链部署创新链，围绕创新链布局产业链，培育体现高质量发展的现代产业体系，推动传统产业转型升级、新兴产业做大做强、先进制造业和现代服务业深度融合，以创新链和产业链的精准对接、双向融合，提升我国在全球价值链中的位置。

（二）坚持人才为本，把培养本土人才与引进人才有机结合

我国要充分发挥规模庞大的人才红利和青年人才队伍的巨大潜力，把人才作为建设世界科技强国的第一资源，深入实施新时代人才强国战略，全面提高人才自主培养质量，着力造就拔尖创新人才，打造世界一流战略人才，推动我国从人才大国转变为人才强国，从引进人才转变为本土培养与引进并重，从吸引海外人才归国转变为参与全球高端人才环流，成为世界重要人才中心和创新高地。重点在于构建与我国经济、科技、教育和对外开放相匹配的国家战略人才体系和高水平青年人才队伍建设，从自主培养、国际引进和用好留住人才三个方面着手，营造人才创新生态系统，培养德才兼备的高素质人才，汇聚全球顶尖人才，提高人才创新效能，构筑具备国际竞争力的战略人才体系，造就一大批具有国际水平的战略科技人才、科技领军人才、青年科技人才和高水平团队。

（三）弘扬科学理性精神，把现代科学文化与传统文化优势有机结合

建设世界科技强国，既要把科学理性精神作为我国开拓世界科技前沿

的重要精神支撑，以开拓创新、求真务实、敢于怀疑、勇于冒险、包容失败的现代科学精神，激励科学家和企业家开拓进取、勇攀高峰，激励全社会创新创业创造活力，又要把中国优良的传统文化作为精神根基，以系统观、整体观、长远思维、集体主义、自强不息、开放包容等传统文化精神推动全面创新。重点在于培育尊重科学、尊重创造、尊重人才、敢于冒险、崇尚创新、追求突破的社会文化氛围，提升国民科学素质和创造性思维，厚植科学家精神、企业家精神和工匠精神，从而让全社会创新活力竞相迸发、创新力量充分涌流。

（四）坚持集中力量办大事的制度优势，把新型举国体制和市场体制有机结合

我国要继续发挥在党的统一领导下集中力量办大事的制度优势，完善党中央对科技工作统一领导的体制，在遵循中国特色社会主义市场经济体制下的市场规律和规则的基本前提下，加强顶层设计、系统谋划和社会动员，推动我国科技创新从传统举国体制转变为兼顾市场配置资源与政府组织协调、兼顾国家目标与市场效益、兼顾技术链与价值链的新型举国体制，以新型举国体制实现更高效的重大科技创新。重点在于构建关键核心技术领域的全社会力量协同攻关体系，以国家安全和发展为目标，以现代化重大创新工程为战略抓手，依托国家战略科技力量，科学统筹、集中力量、优化机制、协同攻关，提升国家创新体系整体效能，形成自主创新的强大合力，全面提升我国的综合竞争力。

（五）深化自主创新，把国内创新与国际创新有机结合

为适应复杂多变的国际政治、经济、科技环境，建设世界科技强国要坚持自主创新与开放创新相互促进统一，既要坚持自主创新这一着力点，

加快掌握技术发展主导权，又要以更加开放包容的心态，积极拓展科技对外开放格局和空间，深度参与全球创新治理，推动我国从跟随型、模仿型创新转变为原始创新和前沿研究，从寻求融入全球科技创新网络转变为构建以我为主的全球科技创新网络，由科技大国迈向科技强国。重点在于实现高水平科技自立自强，提高和拓展科技创新的质量、广度和深度，立足国内统一大市场，并以全球视野谋划和推动创新，统筹国内国际两个市场和两种资源，打赢关键核心技术攻坚战，打造自主安全可控的产业链，构建国际竞争新优势。

第七章 推进我国科技强国建设的重大举措和对策建议

党和国家历来重视科技创新工作，从国家发展战略全局谋划科技强国建设。党的十九大提出加快建设创新型国家和世界科技强国的战略目标，明确到2035年基本实现社会主义现代化，经济和科技实力大幅跃升，跻身创新型国家前列；到2050年，建成世界科技强国和社会主义现代化强国，成为综合国力和国际影响力领先的国家。党的十九届五中全会把科技自立自强作为国家发展的战略支撑，加快建设科技强国。党的二十大报告提出要坚持创新在我国现代化建设全局中的核心地位，2035年实现高水平科技自立自强。随着国家创新驱动发展战略的深入实施，中国综合创新能力正向世界第一方阵迈进。但是，中国无论是在科学发现、技术引领、创新驱动，还是在产业竞争和国际竞争方面，相比世界科技强国的要求还存在很大差距。面向未来，我国要发挥大国优势，强化国家科技战略力量，完善国家创新体系，提升企业技术创新能力，加强基础研究和关键核心技术攻关，激发人才创新活力，优化科技创新体制机制，全面融入全球创新体系，挖掘潜力，补足短板，推动我国科技强国建设向更高水平发展。

一、强化国家战略科技力量，服务国家重大战略需求

（一）坚持国家重大战略需求导向，系统构建国家战略科技力量体系

国家战略科技力量是体现国家意志、服务国家需求、代表国家水平的科技中坚力量，强化国家战略科技力量是新时代实现我国科技自立自强，支撑全面建设社会主义现代化国家的必然选择，是加快建设科技强国的重要任务。国家实验室、国家科研机构、高水平研究型大学、科技领军企业都是国家战略科技力量的重要组成部分，要自觉履行高水平科技自立自强的使命担当。要完善党中央对科技工作统一领导的体制，健全新型举国体制，对重点领域、基础领域和薄弱环节加强布局，发挥国家战略科技任务的引导和带动作用，充分调动和集成各类创新资源。通过新建、重组等方式，补上创新链条的关键和薄弱环节，系统构建国家战略科技力量体系。国家实验室要按照“四个面向”的要求，紧跟世界科技发展大势，加快原始性、前沿性的重大科学创新，推出战略性、关键性重大科技成果。国家科研机构要以国家战略需求为导向，着力解决影响制约国家发展全局和长远利益的重大科技问题，加快建设原始创新策源地，加快突破关键核心技术。高水平研究型大学是我国基础研究的主力军，要为培养更多杰出人才和理论引领科技创新做出贡献。科技领军企业要积极成为科技创新主导性力量，发挥市场需求、集成创新、组织平台的优势，打通从科技强到企业强、产业强、经济强的通道。

（二）以国家实验室建设为抓手，强化国家战略科技力量

国家实验室是国家战略科技力量的重要载体，在国家战略科技力量组成中处于重要地位，是集中国家科研优势力量进行协同攻关的综合集成科

研平台。未来通过抓国家实验室建设强化国家战略科技力量，一是加快形成国家实验室体系，充分发挥国家集中力量办大事的制度优势，建设先进的大型科研设施及科研装置，着力建设具有国际顶尖水平的实验室。国家实验室通过开放共享大科学装置，使得创新生态中的各类创新主体均可利用其先进仪器设备开展科学实验和技术研发，最大化发挥这些先进装备设施的效用。二是吸引汇聚大量国内外的顶尖科学家和访问学者，形成大规模、跨学科的科研团队人员，促进实验室的协同和集成创新。国家实验室可通过双聘制、博士联培制、建立博士后流动站等方式，打破部门和行业的界限，吸引创新生态中的领军人才及其研究团队来此平台开展科技合作和进行技术攻关，实现科技人才有效流动、融合与交流，为国家实验室建设持续输入新鲜血液，形成实验室科研人员梯队和多样性。三是探索出适合我国国情的国家实验室管理机制和运行机制，通过新的理念、新的体制设置、治理模式和科研组织方式，带动和引领整个国家战略科技力量的建设和发展，形成运行稳定的国家战略科技力量。

（三）遵循创新区域高度集聚规律，优化国家战略科技力量空间布局

作为国家创新体系建设的基础平台，综合性国家科学中心的建设有助于汇聚世界一流科学家，突破一批重大科学难题和前沿科技瓶颈，显著提升中国基础研究水平，强化原始创新能力。要在全国范围内，结合各地优势进行战略科技力量的规划和布局，统筹推进国际科技创新中心、区域科技创新中心建设。一是加快推进北京怀柔、上海张江、安徽合肥等综合性国家科学中心和粤港澳大湾区综合性国家科学中心先行启动区建设，布局国家重大科技基础设施集群，打造重大原始创新策源地。二是支持北京、上海、粤港澳大湾区加快形成国际科技创新中心，推动京津冀、长三角、

珠三角等重点区域率先实现高质量发展。三是围绕国家重大区域战略布局，支持有条件的地方建设区域科技创新中心。加快建设成渝全国影响力科技创新中心和武汉全国科技创新中心，研究推动西安、沈阳和郑州等建设具有全国影响力的科技创新中心，不断完善国家科技创新中心布局。强化国家自主创新示范区、高新技术产业开发区、经济技术开发区等创新功能，引导创新要素集聚流动，构建跨区域创新网络，加快形成多层次、体系化的区域创新格局。

二、完善国家创新体系，提高创新体系整体效能

（一）强化国家创新主体功能，完善国家创新体系

国家创新体系是社会经济与可持续发展的引擎和基础，建设世界科技强国，必须拥有一批世界一流的科研机构、研究型大学、创新型企业。立足现代化全局，加强科技创新整体规划，系统布局国家战略科技力量，优化国家科研机构、高水平研究型大学、科技领军企业定位和布局，制定在新型国家创新体系下各创新主体的长期规划，实现滚动式、可持续发展。秉承面向国家需求和经济发展的目标，围绕关键核心技术研发谋篇布局，加强跨部门、跨主体、跨学科进行科研协同攻关能力，强化提升科技攻坚和应急攻关的体系化能力，构建系统、完备、高效的国家创新体系，激发各类主体创新激情和活力，形成自主创新的强大合力，构建功能互补、深度融合、良性互动、完备高效的协同创新格局（陈劲和朱子钦，2021）。一是着眼于2035年跻身创新型国家前列、2050年建设世界科技强国目标，完善国家创新主体的功能定位、重点任务和发展路径。二是结合国家战略科技力量建设与发展，对承担事关国家统筹安全与发展全局及长远的基础性、战略性、系统性、前瞻性、储备性重大科技创新战略任务的机构

或组织进行重点部署和培育。三是健全社会主义市场经济条件下新型举国体制，统筹部署创新链，加强协同创新，密切产学研用合作。通过发展新型研发机构，进一步优化科研力量布局，强化产业技术供给，促进科技成果转移转化，推动科技创新和经济社会发展深度融合，提高创新体系整体效能。

（二）优化科技资源配置方式，提升科技投入整体效能

科技资源配置是指科技资源在全部科技活动中的不同活动主体、学科领域、时空的分配与组合。科技资源配置方式的合理优化能够充分激发创新主体的创新活力。一是创新科技管理组织方式，探索建立既符合科技发展规律又体现国家战略需求的科技项目组织管理制度，建立需求导向和问题导向的项目形成机制，以及政府、科技界、产业界和用户多方参与的项目论证机制。二是构建多元化的科技创新投入机制，深入推进中央财政科技计划管理改革，促进科技创新资源开放共享，有效破解科技资源分散、重复、低效问题，统筹衔接基础研究、应用基础研究和技术创新，强化绩效管理，带动企业和社会投入，提升科技资源配置效率。三是完善符合我国实际、匹配科研规律的科研经费资助组合模式，合理调整优化竞争性与稳定性科研经费资助结构，提高稳定性支持经费的比例，引导科研行为方式，有效提升科研经费使用效益。

（三）发挥科技评价导向作用，健全激励相容长效机制

科技评价是对科学技术活动及其产出和影响进行价值判断的认识活动。以科技评价为导向，建立权责统一、激励相容的管理机制，促进创新主体的合作，促进科技成果转移转化。一是深化科技评价改革，完善以需求为导向、以关键核心技术的突破为标准的科技评价体系，扩大科研自主

权改革试点范围，完善符合科研活动规律的分类管理制度。二是健全以创新能力、质量、实效、贡献为导向的科技人才评价体系，落实好“揭榜挂帅”制度，加大对青年科学家的支持力度。三是进一步深化科研项目和经费管理机制，扩大“包干制”试点范围，完善科技成果评价机制，强化以增加知识价值为导向的分配政策，减少评价频率，充分调动科研人员的积极性，形成“科研活动—成果产出—转化应用”的良性循环。

三、提升企业技术创新能力，增强产业核心竞争力

（一）坚持企业是科技创新的主体导向，加快培育创新型企业

加快落实企业的科技创新主体地位，着力推动企业从“要我创新”转变为“我要创新”，使之成为技术创新需求、研发投入、创新活动及成果应用的主体。一是加大企业研发投入强度。深入实施加大全社会研发投入攻坚行动，推动研发费用加计扣除、高新技术企业税收优惠、科技创业孵化载体税收优惠、技术交易税收优惠等普惠性政策“应享尽享”，引导企业加大创新投入。二是提升创新管理水平。开展企业创新管理提质增效专项活动，挖掘推广一批管理创新的典型经验，探索先进管理体系和管理模式，提升企业创新管理水平。三是发挥创新示范效应。围绕龙头企业，培育一批创新领军企业，加快推进技术创新示范企业培育。围绕中小企业，加快推进“专精特新”中小企业和专业化“小巨人”建设。

（二）健全创新创业服务体系，激发企业创新活力

构建创新创业生态系统服务体系是一项系统创新工程，通过政府顶层规划和设计，围绕创新创业企业的核心需求，以产学研对接、政策服务、科技金融、人才服务、科技中介、市场营销、空间设施资源和文化环境营

造等为主要内容，整合各方面资源，为入驻创新创业生态系统的创新创业企业提供健全完善的服务。政府须加强与社会力量联合工作，通过搭建科技创新创业服务中心，以平台服务的方式为各项工作顺利开展提供支持。同时，要增强创新驱动发展的前瞻性，积极扶持“专精特新”企业，推动产业向中高端迈进。大力发展创业投资服务机构，充分发挥金融机构和民间资本渠道力量，引导带动社会资本投入创新创业、壮大创新创业投资规模。充分发挥行业协会、学会和商会等社会组织对创新创业的指导作用，引导人才、科研资金、技术等要素向企业集聚，发挥各类创新要素的作用。要发挥科技型骨干企业的引领支撑作用，营造有利于科技型中小微企业成长的良好环境，推动创新链、产业链、资金链、人才链深度融合。鼓励各地培育大中小企业融通创新平台和基地，促进产业链上下游企业合作对接。引导大中小企业融通型特色载体进一步提升服务能力，为融通创新提供有力支撑。通过国家科技成果转化引导基金等支持科技型中小企业转移转化科技成果。健全优质企业梯度培育体系，夯实优质企业梯度培育基础，支持掌握关键核心技术的“专精特新”“小巨人”企业和“单项冠军”企业创新发展。

（三）构建高能级产业创新平台，构建产业新生态

产业创新平台是连接基础研究和产业化应用的重要载体，重点聚焦经济重大需求和战略性新兴产业的国际科技前沿，开展相关产业核心共性关键技术研发，在创新发展中具有基础性、先导性的作用。加大各类科技计划对企业技术创新的支持力度，加强各类创新基地平台在企业的布局。支持企业联合相关科研院所和高校共建国家技术创新中心、产业创新中心、国家工程研究中心等产业创新平台，开展关键核心技术攻关，创新深化领先科技，增强科技成果转化功能。加强企业主导的产学研深度融合，强化

目标导向，提高科技成果转化和产业化水平。培育壮大一批具有核心创新能力的一流企业，催生以技术创新为引领、经济附加值高、带动作用强的重要产业，为提升产业整体创新能力和核心竞争力、创新产品的产业化奠定基础。各地区要聚焦优势支柱及战略新兴产业领域，聚焦海内外优势创新资源，按照政府引导、企业牵头、多方参与、独立运作的原则建立创新平台和成果共享机制，形成行业技术标准、产业专利联盟，降低研发成本，不断提高企业研发能力；建立健全创新激励机制和分配机制，加强知识产权管理，建立和完善知识产权保护制度。

四、加强基础研究和关键核心技术攻关，提高体系化创新能力

（一）夯实基础研究根基，增强原始创新和源头创新能力

强大的基础科学研究能力，不仅代表了一个国家未来的创新潜力，而且代表着一个国家的原始创新水平和可持续发展能力，是把我国建设成为科技强国的重要基石。要健全稳定支持机制，大幅增加基础研究投入，加快实施基础研究十年行动方案。一是聚焦自然科学和技术科学，重点布局一批实验室和基础学科研究中心，建立原创、引领的基础理论和创新方法，探索最底层的科学规律，掌握最基础的技术工艺，厚植科技创新的知识根基，促进科技规律持续发现和创造性运用。二是在事关国家安全和发展全局的基础核心领域，聚焦物态调控、物质结构与宇宙演化、意识本质、发育与代谢、地球系统与全球变化等未知领域，以及重大科学前沿问题和未来必争领域，制定实施战略性科学计划和科学工程，增强原始创新和源头创新能力。三是坚持“四个面向”，适应高质量发展对科技发展提出的新要求，依托国家战略科技力量，部署基础性、前瞻性、战略性任

务，多出重大科学理论成果和科学发现。加快建设原始创新策源地，加强新兴学科建设，扶持边缘、冷门、薄弱学科发展，加强交叉融合、非共识、变革性研究，引领未来科技发展方向，提升“从0到1”的原创能力，力争在更多领域引领世界科学研究方向，提升我国对人类科学探索的贡献。

（二）强化战略目标牵引，加快关键核心技术攻关

关键核心技术事关我国产业链、供应链安全，事关我国科技水平和国际竞争力，事关新时期我国科技经济发展的主动权，要以国家战略需求为导向，集聚力量进行原创性引领性科技攻关，坚决打赢关键核心技术攻坚战。一是瞄准科学技术前沿，聚焦最深处、最底层的科学、技术和工程难题，强化对优先发展领域的前瞻性、系统性布局，集中力量建设一批体现国家战略意志的重大科技项目和重大工程，提供系统性科学技术解决方案。二是围绕国家战略需求，统筹布局国家科技、产业科技和社会科技，提升整体攻关效能。聚焦高端芯片、工业软件、基础原材料等的基础共性技术问题，整合优化科技资源配置，提升基础共性技术供给能力。三是瞄准人工智能、量子信息、集成电路、生物育种等技术前瞻领域的战略科技问题，依托战略科技力量，部署开展系统性、集成性、颠覆性重大科技攻关项目，力争取得更多创新突破，不断增强产业链供应链现代化水平，推动高质量发展。着重发展量子计算机、新器件、类脑技术、先进能源、深空探测等方面的关键核心技术，在国家战略优先领域实现全球技术引领。

（三）重视科技创新一体化设计，提升体系化创新能力

科技创新的竞争已不再是单项主体之间的竞争，而是上升到整个体系的竞争，因此，必须完善创新体系，提高体系化创新能力，以带动创新能力整体提升。一是以市场机制为纽带，采取多种形式加强产学研战略合作

和协同创新，充分发挥各自优势，缩短研发周期，提高创新效率。二是集聚创新资源打造全球、全国和区域性创新高地，加强区域协同创新，推动区域创新一体化，促进区域协调发展。三是对于具有产业化应用前景的科技领域加强全链条一体化设计，打通基础研究、技术创新、产业化示范应用各个环节，建立完整的创新链和产业链。四是完善科技创新体制机制，树立科学的管理导向、计划导向和评价导向，加快政府职能从科技管理向创新治理和创新服务转变，推进科技治理体系和治理能力现代化，营造良好创新创业生态。五是以国际视野谋划科技创新，利用好两个市场、两种资源，加强国内外协同创新，积极参与或主导设立国际科技组织，主动发起国际大科学计划或大科学工程，建立全球科技创新共同体和中国-东盟、共建“一带一路”国家、中国-欧盟等区域科技创新共同体，推动实现人类命运共同体的美好愿景。

五、激发人才创新活力，培养造就大批一流科技创新人才

（一）加大科技创新人才培养力度，凝聚大批高端人才

人才是科技创新活动的主体。科技创新人才是建设科技强国的根本保障和重要基础，国内外对高层次人才的竞争日趋激烈，要把握战略机遇期，完善人才战略布局，坚持各方面人才一起抓，建设规模宏大、结构合理、素质优良的人才队伍。培养具有国际竞争力的青年科技人才后备军，用好用活人才，大胆使用青年人才，激发创新活力，放开视野选人才、不拘一格用人才。一是深入实施科教兴国战略。强化基础教育，推动高等教育创新，改革人才培养模式，把倡导科学精神、创新教育方法、实施素质教育作为深化教育改革的重点，加强基础学科、新兴学科、交叉学科建设，加快建设具有中国特色、世界一流的大学和优势学科，培养大批面向

未来科技发展需求的科技人才。二是深化产教融合，完善需求导向的人才培养模式，推动教育和产业统筹发展。要促进教育链、人才链与产业链、创新链有机衔接，充分调动企业参与产教融合的积极性和主动性，构建校企合作长效机制。同时，要推动学科专业建设与产业转型升级相适应，建立能够紧密对接产业链、创新链的学科专业体系，大力支持网络安全、人工智能等事关国家战略、国家安全等学科专业建设。三是加快提升国家战略人才力量，努力培养造就更多大师、战略科学家、一流科技领军人才和创新团队、青年科技人才、卓越工程师、大国工匠、高技能人才。

（二）改革人才评价激励机制，落实人才强国战略

深入实施人才强国战略。坚持尊重劳动、尊重知识、尊重人才、尊重创造，实施更加积极、更加开放、更加有效的人才政策，着力形成人才国际竞争的比较优势。坚持深化人才发展体制机制改革，破除人才培养、使用、评价、服务、支持、激励等方面的体制机制障碍，破除“四唯”（唯论文、唯职称、唯学历、唯奖项）现象，向用人主体授权，为人才松绑，把我国的制度优势转化为人才优势、科技竞争优势，加快形成有利于人才成长的培养机制、有利于人尽其才的使用机制、有利于人才各展其能的激励机制、有利于人才脱颖而出的竞争机制，把人才从科研管理的各种形式主义、官僚主义的束缚中解放出来。一是充分发挥用人单位的主体作用，政府切实做到“简政放权”，转变职能，把对人才评价、激励的权利下放到用人单位，以创高新质量、贡献、绩效分类评价各类人才，更加注重研究质量、原创价值和实际贡献。二是进一步改革完善职称评审制度，建立分类评价制度，分类分层明确重点领域人才评价的核心要素，建立符合不同人才成长规律和实际特点的评价机制。三是健全完善人才激励机制，建立起既能充分发挥激励作用又合理规范的收入分配制度，让各类主体和不

同岗位的创新人才都能在科技成果产业化过程中得到合理报酬，激发人才创新活力。

（三）推动人才国际化工作，探索构建创新人才全球网络

坚持聚天下英才而用之，必须实行更加积极、更加开放、更加有效的人才引进政策，用好全球创新资源，精准引进急需紧缺人才，加快建设世界重要人才中心和创新高地，促进人才区域合理布局和协调发展，着力形成人才国际竞争的比较优势。一是加强顶层设计，进一步完善引进人才规划，注重对海外高层次创新人才的引进和使用。提高对海外人才的统筹、协调和服务，特别是提供配套的政策平台和资源服务，包括公平的法律环境、便捷的金融服务、有效的社会保障等。二是积极探索构建全球网络，以市场化、国际化和专业化的方式，在全球重要节点城市设立全球连接枢纽，加强人才国际交流，用好用活各类人才，真心爱才、悉心育才、倾心引才、精心用才，吸引更多外籍高水平人才来华参与创新创业，支持各类主体在国外布局建立分支机构等创新载体，提高人才队伍的国际化水平。

六、优化科技创新体制机制，营造良好创新生态

（一）强化科技体制顶层设计，深化科技管理体制改革

科技创新体制机制改革要强化顶层设计。一是健全以企业为主体、以市场为导向、产学研深度融合的技术创新体系，完善符合时代发展要求的科技产权关系、科研组织模式、资源配置方式、人才服务管理新模式新机制。二是瞄准世界科技前沿，加强科技创新的全局性、战略性、前瞻性布局，聚焦关键领域，落实好中长期科技发展规划，积极抢占国际科技竞争制高点。三是强化国家科技决策咨询机制建设，加快构建社会主义市场经

济条件下关键核心技术攻关的新型举国体制，强化科技自立自强对国家发展的战略支撑。四是加快政府科技管理职能转变，完善党中央对科技工作统一领导的体制，按照抓战略、抓改革、抓规划、抓服务的定位，切实从分钱、分物、定项目转到制定政策、创造环境、搞好服务上来。健全统筹协调的科技宏观决策机制，加强部门功能性分工，统筹衔接基础研究、应用开发、成果转化、产业发展等各环节工作。

（二）加快协同创新机制建设，完善创新生态系统

营造良好创新生态是一项系统工程，需要中央和地方协同发力，切实破除阻碍科技创新能力提高的体制性障碍、结构性矛盾和政策性问题，激发创新潜能。一是发挥市场对各类创新资源配置的决定性作用，促进人才、资本、技术、知识顺畅流动，促进科技创新成果转化为现实生产力。二是加快建立协同创新机制，围绕产业链部署创新链，围绕创新链完善资金链，营造开放协同高效的创新环境。三是加强知识产权运用和保护，引导各类科技成果转化主体建立利益共享、风险共担机制。四是开展高校院所和企业协同创新行动。推动大企业、中小企业联合科研院所、高校等组建一批大中小企业融通、产学研用协同的创新联合体，鼓励承接科技重大项目，加强共性技术研发。推动各地依托大企业技术专家、高校院所学者等建立融通创新技术专家咨询委员会，面向中小企业开展技术咨询、指导等活动，实际推动高校、院所和企业间协同创新。

（三）完善创新平台支撑体系，营造良好创新环境

基于创新链设计创新平台，建立从基础研究到应用研究、从试验发展到成果转化的全链条创新平台支撑体系。一是优化国家实验室、国家重点实验室、国家基础学科研究中心、国家临床医学研究中心等基础研究平台

布局，形成实验室体系。二是优化国家技术创新中心、国家产业创新中心、国家制造业创新中心等技术创新平台布局，形成技术创新平台体系。三是优化国家重大科技基础设施、科教基础设施、产业技术创新基础设施等创新基础设施布局，形成创新基础设施体系。四是培育新时代包容的创新文化。突出创新文化的重要地位，营造良好的创新氛围，包容和容忍失败。健全完善科研诚信工作机制，推进科研诚信建设制度化，营造风清气正的科研环境，让求真求实的诚信土壤涵养这个科研工作大有可为的时代，为加快建设科技强国、实现高水平科技自立自强释放不竭的动力。

七、深化开放合作，全面融入全球创新体系

（一）完善科技创新开放合作机制

深化政府间科技合作，完善重点领域的合作研发平台建设。进一步丰富创新对话机制内涵，加强创新战略对接。深入实施科技伙伴计划，鼓励社会力量更广泛地参与国际科技创新合作，推动我国企业“走出去”，推广我国技术标准和技术体系。积极探索合理、高效的协同创新模式，加快构建协同、合作、开放、包容的创新长效机制，提倡创新伙伴和利益攸关方开展密切对话，寻找应对全球挑战的创新型解决方案，推动各国科技创新发展。

（二）推进大科学计划和大科学工程，促进“一带一路”倡议合作

国际大科学计划和大科学工程是人类开拓知识前沿、探索未知世界和解决重大全球性问题的重要手段，是一个国家综合实力和科技创新竞争力的重要体现。牵头组织大科学计划作为建设世界科技强国的重要标志，对

于我国增强科技创新实力、提升国际话语权具有积极深远的意义。适时建立相关工作机制和组织构架，探索在我国具有优势特色且有国际影响力的领域，提出并牵头组织国际大科学计划和大科学工程。依托大科学计划和重大科技基础设施，促进合作研究和资源共享，同时使参与各方建立团结互信、相互协作的创新合作伙伴关系，增强全球科学共同体意识，提升我国科技创新能力的国际影响力。结合共建“一带一路”国家的发展基础和需求，推动气候变化、环境等重点领域的联合研发、技术转移与创新合作，共建特色园区，支撑优势产业“走出去”，深化国际产能对接，积极打造“一带一路”协同创新共同体。

（三）促进创新资源双向开放和流动

扩大国际科技交流合作，加强国际化科研环境建设，形成具有全球竞争力的开放创新生态。加大对国际科技合作的支持力度，推进基础性、前沿性和战略性技术研发合作与成果应用。加快建设对外技术转移中心，推动国家级国际科技合作平台升级，引领优势产能和创新合作。依托科技伙伴计划和政府间科技创新合作机制，研究设立面向全球的科学研究基金，进一步构建开放创新的合作生态。加强科技人文交流，培养国际化青年科研人员。推动一流科研机构和企业在我国建立合作研发机构，引导先进技术产业化、商业化。推动地方建设国际技术转移中心和科技合作中心，构建互利共赢的伙伴关系，实现共同发展。

参 考 文 献

白春礼. 2017. 科学谋划和加快建设世界科技强国. 中国科学院院刊，32（5）：446-452.

陈劲，朱子钦. 2021. 加快推进国家战略科技力量建设. 创新科技，21（1）：1-8.

陈套. 2019. 世界科技强国的理论发凡和实践指向. 科学管理研究，37（4）：158-163.

陈钰，孙云杰. 2019. 从中美关键指标比较看中国世界科技强国建设短板. 科技管理研究，39（24）：15-20.

陈云伟，曹玲静，陶诚，等，2020. 科技强国面向未来的科技战略布局特点分析. 世界科技研究与发展，42（1）：5-37.

邓衢文，刘敏，黄敏聪，等，2019. 我国及世界科技强国的基础研究经费投入特点与启示. 世界科技研究与发展，41（2）：137-147.

丁明磊. 2022. 抓住科技创新这个牛鼻子 助力现代化强国建设. https://m.gmw.cn/baijia/2022-05/12/35719666.html[2022-05-12].

丁威，解安. 2017. 习近平社会主义现代化强国目标体系研究. 学术界，12：178-190.

冯江源. 2016. 大国强盛崛起与科技创新战略变革——世界科技强国与中国发展道路的时代经验论析. 人民论坛・学术前沿，16：4-37.

国家统计局. 2022. 2021 年全国科技经费投入统计公报. http://www.stats.gov.cn/tjsj/zxfb/202208/t20220831.1887760.htm[2022-08-31].

韩国科技评估与规划研究院（KISTEP）. 2021. 2020 年技术水平评估. https://www.

kistep.re.kr/.
韩美琳. 2021. 新工业革命浪潮下我国产业转型升级的日德经验借鉴. 当代经济研究，8：70-78.
贺淑娟. 2011. 英国国家科技政策的演变（1850年代至1990年代）. 苏州：苏州科技学院.
胡鞍钢，刘生龙，任皓. 2017. 中国如何成为世界科技创新强国（2015—2050）. 中国科学院院刊，32（5）：474-482.
胡志坚，玄兆辉，陈钰. 2018. 从关键指标看我国世界科技强国建设——基于《国家创新指数报告》的分析. 中国科学院院刊，33（5）：471-478.
纪宝成，赵彦云. 2008. 中国走向创新型国家的要素：来自创新指数的依据. 北京：中国人民大学出版社.
邝靖月. 2015. 德国文化对其国际市场的影响. 智富时代，2：19-20.
李国杰. 2017. 建设信息科技强国的路径思考. 中国科学院院刊，32（5）：468-473.
李景治. 2000. 科技革命与大国兴衰——科教兴国的历史思考. 北京：华文出版社.
李瑞，梁正，薛澜. 2020. 建设世界科技强国：基本内涵、动力源泉及实现路径. 科学学与科学技术管理，41（1）：3-15.
李正风. 2018. 深入研究新时代建设世界科技强国的特点与规律. 科学学研究，36（1）：1-2.
梁颖达. 2022. 面向世界科技强国 加强科技人才建设. 国际人才交流，2：9-11.
刘立. 2016. 以非对称赶超战略推进科技强国建设——习近平科技创新思想的重大时代意义. 人民论坛 • 学术前沿，16：60-69.
刘立，刘磊. 2019. 新时代建设世界科技强国的引领思想. 创新，13（2）：1-8.
柳卸林，丁雪辰，高雨辰. 2018. 从创新生态系统看中国如何建成世界科技强国. 科学学与科学技术管理，39（3）：2-14.
柳卸林，马瑞俊迪，刘建华. 2020. 中国离科技强国有多远？. 科学学研究，38（10）：1754-1767.
吕宁. 2014. 工业革命的科技奇迹. 北京：北京工业大学出版社.

吕薇. 2021. 创新引领新时代科技强国建设. 中国社会科学报，2021-11-26：6 版.
马一德. 2022. 加快建设世界科技强国的行动指南. 红旗文稿，6：36-38.
苗绿，王辉耀，郑金连. 2017. 科技人才政策助推世界科技强国建设——以国际科技人才引进政策突破为例. 中国科学院院刊，32（5）：521-529.
穆荣平. 2018. 建设世界科技强国时不我待 健全国家创新体系. 科技传播，10（14）：3.
穆荣平，樊永刚，文皓. 2017. 中国创新发展：迈向世界科技强国之路. 中国科学院院刊，32（5）：512-520.
潘教峰，杜鹏. 2022. 从基础研究谈如何夯实科技强国的知识基础. 中国人才，3：56-57.
潘教峰，万劲波. 2022. 新时代科技强国战略. 中国科学院院刊，37（5）：569-577.
秦铮. 2022. 美国建设世界科技强国的经验及对我国的启示. 创新科技，22（3）：81-92.
邱石，康萌越，张昕嫱，等. 2021. 探寻德国“隐形冠军”成长之路. 中国工业和信息化，12：12-16.
任泽平，连一席，谢嘉琪，等. 2019. 中美科技战：国际经验、主战场及应对. 恒大研究院研究报告.
沈艳波，王崑声，马雪梅，等. 2020. 科技强国评价指标体系构建及初步分析. 中国科学院院刊，35（5）：593-601.
宋河发，穆荣平，任中保. 2010. 创新型国家特征、指标体系与建设目标研究. 科技促进发展，1：14-18.
陶诚，张志强，陈云伟. 2019. 关于我国建设基础科学研究强国的若干思考. 世界科技研究与发展，41（1）：1-15.
田倩飞，张志强，任晓亚，等. 2019. 科技强国基础研究投入–产出–政策分析及其启示. 中国科学院院刊，34（12）：1406-1420.
万劲波. 2019. 在接续奋斗中成就科技强国梦想. 学习时报，2019-03-06：6 版.
万劲波，吴博. 2019. 强化科技强国对现代化强国的战略支撑. 中国科学院院刊，

34（5）：512-521.

王春法. 2017. 培育科学文化 建设世界科技强国. 中国科学院院刊，32（5）：453-460.

王婷，藺洁，陈亚平. 2022. 主要创新型国家政府研发经费配置结构分析及启示. 中国科技论坛，8：181-188

王贻芳. 2017. 建设国际领先的大科学装置 奠定科技强国的基础. 中国科学院院刊，32（5）：483-487.

王志刚. 2019a. 加快建设创新型国家和世界科技强国. 学习时报，2019-01-28：1 版.

王志刚. 2019b. 新时代建设科技强国的战略路径. 中国科学院院刊，34（10）：1112-1116.

巫云仙. 2013. “德国制造”模式：特点、成因和发展趋势. 政治经济学评论，4（3）：144-166.

习近平. 2016. 为建设世界科技强国而奋斗——在全国科技创新大会、两院院士大会、中国科协第九次全国代表大会上的讲话. 北京：人民出版社.

习近平. 2017. 决胜全面建成小康社会 夺取新时代中国特色社会主义伟大胜利——在中国共产党第十九次全国代表大会上的报告. 北京：人民出版社.

习近平. 2018. 在中国科学院第十九次院士大会、中国工程院第十四次院士大会上的讲话. 北京：人民出版社.

习近平. 2022a. 高举中国特色社会主义伟大旗帜 为全面建设社会主义现代化国家而团结奋斗——在中国共产党第二十次全国代表大会上的讲话. 北京：人民出版社.

习近平. 2022b. 加快建设科技强国 实现高水平科技自立自强. 求是，9.

肖汉平. 2021. 以范式融合创新引领科技强国建设——关于打造世界级科学研究与技术创新中心的思考. 国家治理，Z6：58-64.

谢富纪. 2009. 创新型国家的演化模式与我国创新型国家建设. 上海管理科学，31（5）：85-89.

邢来顺. 1999. 德国第一次工业革命述略. 华中师范大学学报（人文社会科学版），6：85-89.

徐婕，张明妍，张静. 2019. 世界科技强国评价指数的构建与分析. 调研世界，6：60-64.

玄兆辉，曹琴，孙云杰. 2018. 世界科技强国内涵与评价指标体系. 中国科技论坛，12：28-34，51.

杨柯巍，张原. 2018. 创新引领科技强国建设. 中国经济报告，9：41-43.

杨振宁. 1994. 近代科学进入中国的回顾与前瞻. 中国科学基金，2：79-86.

袁秀，万劲波. 2020. 建设科技强国的落脚点. 学习时报，2020-07-29：A6 版.

张先恩. 2017. 科技强国植根于深厚的基础研究. 中国科学院院刊，32（5）：496-503.

张艳阳. 2003. 俄罗斯“军转民”问题研究. 内蒙古工业大学学报（社会科学版）. 12（1）：32-37，44.

张永凯，陈润羊. 2013. 世界科技强国科技政策的趋同趋势及我国的应对策略. 科技进步与对策，30（2）：108-111.

张志强，田倩飞，陈云伟. 2018. 科技强国主要科技指标体系比较研究. 中国科学院院刊，33（10）：1052-1063.

赵兰香，李培楠，万劲波. 2018. 科技强国基础科学研究的主要矛盾与问题. 科技导报，36（21）：76-80.

郑焕斌. 2018. 科学精神起源于独立思考——访伦敦大学学院医学院生物学教授威廉•理查德森科学精神起源于独立思考. 科技日报，2018-07-17.

中国科学技术信息研究所. 2021. 2019 年度中国科技论文统计与分析. 北京：科学技术文献出版社.

中国科学院. 2018. 科技强国建设之路：中国与世界. 北京：科学出版社.

中华人民共和国科学技术部. 2019. 中国科技发展 70 年（1949—2019）. 北京：科学技术文献出版社.

Clarivate. 2021. Highly Cited Researchers. https://recognition.webofscience.com/awards/highly-cited/2021/.

Clarivate. 2022. Top 100 Global Innovators 2022. https://clarivate.com/top-100-innovators/

[2022-10-01].

Eugenia I，Aurel B，Rozalia K. 2014. Innovative economy and knowledge society vectors. Ovidius University Annals Economic Sciences，XIV（2）：187-193.

European Commission. 2021. The 2021 EU Industrial R&D Investment Scoreboard. https://iri.jrc.ec.europa.eu/scoreboard/2021-eu-industrial-rd-investment-scoreboard[2023-01-10].

Furman J L，Porter M E，Stern S. 2002. The determinants of national innovative capacity . Research Policy，31：899-933.

Infrastructure and Projects Authority. 2017. Analysis of the National Infrastructure and Construction Pipeline. https://assets.publishing.service.gov.uk/government/uploads/system/uploads/attachment_data/file/665332/Analysis_of_National_Infrastructure_and_Construction_Pipeline_2017.pdf[2022-10-01].

Larson A. 2001. Building Innovative Economies：Remarks to the U. S. -India Business Council. http://2001-2009.state.gov/e/rm/2001/3696.htm[2023-01-10].

NSF. 2022. Production and Trade of Knowlede- and Technology-Intensive Industries. https://ncses.nsf.gov/pubs/nsb20226/assets/nsb20226.pdf[2023-02-10].

OECD. 1996. The Knowledge-based Economy. OECD/STI Outcook. Paris.

QS. 2022. QS World University Rankings. https://www.topuniversities.com/qs-world-university-rankings[2022-10-01].

World Bank. 2022. World Development Indicators 2022. https://datatopics.worldbank.org/world-development-indicators/[2022-10-01].